科学的进程

人类在生物学上的发现

盛文林◎主编

北京工业大学出版社

图书在版编目（CIP）数据

人类在生物学上的发现 / 盛文林主编. -- 北京：
北京工业大学出版社，2011.10（2021.5重印）
（科学的进程）
ISBN 978-7-5639-2880-4

Ⅰ.①人… Ⅱ.①盛… Ⅲ.①生物学－普及读物
Ⅳ.①Q-49

中国版本图书馆CIP数据核字（2011）第213329号

科学的进程

人类在生物学上的发现

主　　编：盛文林
责任编辑：张珊珊
封面设计：兰旗设计
出版发行：北京工业大学出版社
（北京市朝阳区平乐园100号　100124）
010-67391722（传真）　bgdcbs@sina.com
出 版 人：郝　勇
经销单位：全国各地新华书店
承印单位：天津海德伟业印务有限公司
开　　本：787 mm × 1092 mm　1/16
印　　张：11.5
字　　数：198千字
版　　次：2011年11月第1版
印　　次：2021年5月第2次印刷
标准书号：ISBN 978-7-5639-2880-4
定　　价：28.00元

前言

自然界是由有生命的物体和无生命的物体组成的，有生命的物体叫生物，无生命的物体叫非生物。生物包括一切具有新陈代谢的物体，例如：动物、植物、微生物、病毒，甚至细胞。地球上现存的生物估计有 200~450 万种；已经灭绝的种类更多，估计至少也有 1 500 万种。从北极到南极，从高山到深海，从冰雪覆盖的冻原到高温的矿泉，都有生物存在。它们具有多种多样的形态结构，它们的生活方式也千奇百怪。多种多样的生物不仅维护了自然界的持续发展，而且是人类赖以生存和发展的基础。

为了探索生命的奥秘，从古至今无数科学家以各种生物为研究对象，取得了许多具有开创性的发现，从而使人类对自身及其他生物体有了更清晰、更深入的了解。

“生物学”一词，是法国博物学家、生物学的奠基人之一拉马克在 1802 年首次提出的。生物学是研究生物各个层次的种类、结构、功能、行为发育和起源进化以及生物与周围环境的关系等的科学。

生物与人类生活的许多方面都有着非常密切的关系。生物学作为一门基础科学，传统上一直是农学和医学的基础，涉及种植业、畜牧业、渔业、医疗、制药、卫生等方面。随着生物学理论与方法的不断发展，它的应用领域不断扩大。现在，生物学的影响已突破上述传统领域，而扩展到食品、化工、环境保护、能源和冶金工业等方面。如果考虑到仿生学，它还影响到电子技术和信息技术。

人口、食物、环境、能源等问题是全球性问题。地球上的人口正以前所未有的速度激增。人口问题是一个社会问题，也是一个生态学问题。在这方面，生物学可以并且已经作出了自己的贡献。内分泌学和生殖生物学的成就导致口服避孕药的发明，促进了计划生育在世界

范围内的推广。在人口问题中，除了人口数量激增以外，遗传病也严重威胁着人口质量。一些资料表明，新生儿中各种遗传病患者所占的比例在3%～10.5%之间。揭示产生遗传病的原因，找到控制和征服遗传病的方法无疑是生物学又一重要任务。

当前，食物匮乏也是一个全球性的问题。过去，在发展“科学农业”和“绿色革命”方面，生物学已经作出了巨大的贡献。今天，人类在一定限度内定向改造植物，用基因工程、细胞工程培育优质、高产、抗旱、抗寒、抗涝、抗盐碱、抗病虫害的优良品种正在逐步成为现实。

对人与自然关系的研究，使人类重视赖以生存的生态环境。工业废水、废气和固体废物的大量排放，农用杀虫剂、除草剂的广泛使用，使大面积的土地和水域受到污染，威胁着人类的生产和生活。而微生物所具有的生物催化活性是极为广泛的，利用富集培养法几乎可以找到降解任何一种含毒有机化合物的微生物，利用基因工程等技术还可以不断提高它们的降解作用。利用微生物防治害虫，以部分取代严重污染的有机杀虫剂也是大有前途的。大量以消耗资源为代表的传统农业必将向以生物科学和技术为代表的生态农业转变。

全世界的化工能源（石油、煤等）贮备是有限的，因此，自然界中可再生的生物能已引起人们的重视。自然界中的生物能大多是纤维素、半纤维素、木质素等。将化学的、物理的和生物学的方法结合起来，就可以把纤维素转化为酒精，用作能源。一些单细胞藻类中含有与原油结构类似的油类，而且其质量可高达总重的70%，这是另一个引人注目的可再生的生物能源。太阳能是人类可以利用的最强大的能源，而生物的光合作用则是将太阳能固定下来的最主要的途径，可以预见，利用生物能和生物技术解决能源问题是大有可为的。

综上所述，解决人口、食物、环境、能源等方面的问题，寄希望于生物技术是可行的，而生物技术的发展有赖于科学家们进行更深入的探索和研究，获得更多的新发现，为解决问题找到更多的行之有效的方法。

Contents

目录

古代和中世纪的生物学

文艺复兴和近代生物学

进
程

20 世纪的生物学

古代和中世纪的生物学

随着人类为了自身生存的需要和对有机界奥秘探索兴趣的增长，有关动植物的知识逐渐积累起来。早在文艺复兴前，包括解剖学和生理学知识已引起众多的医生和学者的兴趣。

近代自然科学萌芽于古希腊，当时的生物学是自然哲学的一个组成部分。

古希腊医生希波克拉底提出了著名的“体液学说”，他一生在医学方面的建树颇多，其许多观点影响了后世。公元前5世纪，恩培多克勒指出皮肤可进行呼吸，首次提出血液流出流进说，并认为心脏是中心。盖伦是古罗马伟大的医学家，是哈维之前最重要的解剖学家和医学实验家之一。

14世纪初，意大利解剖学家蒙迪诺·戴·柳奇亲自解剖尸体，纠正了前人的一些错误，于1316年出版了《解剖学》一书，在阐述人体结构时也记述了器官的功能，使中世纪的解剖生理学达到了高峰。

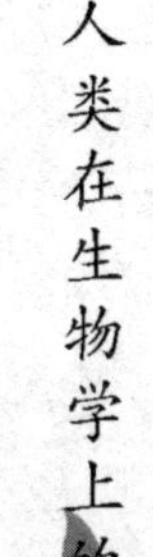

希波克拉底的一系列伟大发现

古希腊医生希波克拉底（约公元前460—公元前370年）被西方尊为“医学之父”，他的一生在医学方面的建树颇多，许多医学观点对西方医学的发展产生了深远的影响。

希波克拉底出生于小亚细亚科斯岛的一个医生世家，父亲赫拉克莱提斯是医神阿斯克雷庇亚斯的后代，母亲费娜雷蒂是显贵家族的女儿。在古希腊，医生的职业是父子相传的，所以希波克拉底从小就跟随父亲学医。

数年后，希波克拉底独立行医已不成问题，父亲治病的 260 多种药方，他已经能运用自如。父母去世后，他一面游历，一面行医。为了丰富医学知识，获取众家之长，希波克拉底拜许多当地的名医为师；在接触的病人中，他结识了许多著名的哲学家，这些哲学家的独到见解对希波克拉底的行医深有启发。

那时，古希腊医学受到宗教迷信的禁锢。巫师们只会用念咒文、施魔法、进行祈祷的办法为人治病，这自然是不会有什么疗效的。病人不仅被骗去大量钱财，而且往往因耽误病情而死去。

希波克拉底

公元前 430 年，雅典发生了可怕的瘟疫。许许多多的人突然发烧、呕吐、抽筋，身上长脓疮，不久又开始溃烂、腹泻。瘟疫蔓延得非常迅速，城里到处是尸体，连享有盛名的雅典将军伯里克利也被传染后不久死去。

当时，希波克拉底正在马其顿王国担任御医，听到这个消息后，他立即辞去御医职务，冒着生命危险，赶到雅典进行救护。到雅典后，他一面调查瘟疫的情况，探求致病的原因，一面治病，并寻找防疫的方法。不久，他发现城里家家户户均有染上瘟疫的病人，唯有铁匠家一个人也未被传染。他由此联想到，铁匠打铁，整天和火打交道，也许火可以防疫，便在全城各处点起火来，结果瘟疫得到了控制。

有一次，一个病人下腹部绞痛，小便不畅，来找希波克拉底治疗。希波克拉底诊断后，对病人家属说，病人出现这种症状，是由于饮用了不洁净的水的缘故。这种不洁净的水在尿道中逐渐凝结起来，不断地增大、变硬，引起剧烈的疼痛；同时堵塞尿道，导致小便不畅，因此要饮用清洁的水。希波克拉底所说的病，就是尿道结石。他对这种病成因的解释，与近代科学的解释非常相似。

当时，尸体解剖为宗教与习俗所禁止，但希波克拉底勇敢地冲破禁令，秘密进行了人体解剖，获得了许多关于人体结构的知识。在他最著名的外科著作《头颅创伤》中，详细描绘了头颅损伤和裂缝等病例，提出了施行手术的方法。其中关于手术的记载非常生动，所用语言也非常确切，足以证明这是他亲身实践的经验总结。

长期的医疗实践和理论研究，使希波克拉底积累了丰富的医学经验。他发现，人在40~60岁之间最容易发生中风；发生黄疸的时候，如果肝变硬，那么预后是不良的；人死亡前，指甲发黑，手脚发冷，嘴唇发青，耳朵发冷而且紧缩，视力模糊。其中对垂危病人面容的具体描述，被后人称为“希波克拉底面容”。

希波克拉底对骨折病人提出的治疗方法也是合乎科学道理的。为纪念他，后人将用于牵引和其他矫形操作的臼床称为“希波克拉底臼床”。

希波克拉底的遗传学观点主要包括：遗传有物质基础，而且是以看不见的颗粒形式（“种子”）传递的；泛生论，即认为身体的每个部位都提供了遗传颗粒，遗传物质来自于整个肉体；后天获得性能够遗传，这个观念虽然常常与18~19世纪的法国博物学家拉马克联系在一起，其实是一个很古老的观念。在这些观念中，颗粒性遗传是正确的，而泛生论和后天获得性遗传则是错误的。后两者其实是不可分的，如果相信后天获得性能够遗传（从前的人或多或少都相信），那么只能用泛生论来解释。

希波克拉底指出的癫痫病的病因被现代医学认为是正确的，他提出的这个病名，也一直沿用至今。

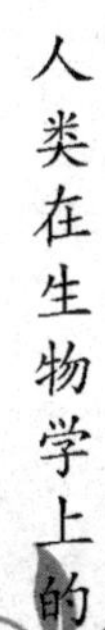

希波克拉底还写了一篇题为《预后》的医学论文。他指出，医生不但要对症下药，而且要根据对病因的解释，预告疾病发展的趋势、可能产生的后果或康复的情况。“预后”这个医学上的概念，正是希波克拉底第一次提出来的，直到现在还在使用。

为了抵制“神赐疾病”的谬说，希波克拉底积极探索人的肌体特征和疾病的成因，提出了著名的“体液学说”。他的四体液理论不仅是一种病理学说，而且是最早的气质与体质理论。他认为复杂的人体是由血液、黏液、黄胆、黑胆这四种体液组成的，四种体液在人体内的比例不同，形成了人的不同气质：性情急躁、动作迅猛的胆汁质；性情活跃、动作灵敏的多血质；性情沉静、动作迟缓的黏液质；性情脆弱、动作迟钝的抑郁质。

每一个人，生理特点以哪一种体液为主，就对应哪一种气质。先天性格的表现会随着后天的客观环境变化而发生改变，性格也会随之发生变化，这为后世的医学心理疗法提供了一定的指导基础。

人所以会得病，就是由于四种体液不平衡造成的，而体液失调又是外界因素影响的结果。希波克拉底专门写了一本题为《论风、水和地方》的医学著作，他指出医生进入一个城市的时候，首先要注意到这个城市的方向、土壤、气候、风向、水源、水质、饮食习惯、生活方式等，因为这些都和人体健康和疾病有着密切的关系。

现在看来，希波克拉底对人的气质成因的解释并不正确，但他提出的气质类型的名称及划分，却一直沿用至今。

恩培多克勒的多种发现

公元前 5 世纪，古希腊的恩培多克勒提出四元素理论（火、气、水、土），认为它们的结合和分离是由爱和憎所引起的。他发

现了耳蜗，指出皮肤可以进行呼吸。他还首次提出血液流出流进说，并认为心脏是血液循环的中心。

恩培多克勒是古希腊哲学家、科学家，但他在青年时代曾毫不犹豫地投身于政治。在他的故乡阿克拉噶斯，他是推翻暴君的斗争的策动者，感激他的公民愿把暴君的王位留给他以示报答，但被他拒绝了，他宁可把时间花在哲学研究上。他的思想在很大程度上受到毕达哥拉斯的影响，这体现在他的教义中所表现出来的强烈的神秘主义。他并不反对被人视为预言家和创造奇迹的人，包括那些自认为能使人起死回生的人。

恩培多克勒

恩培多克勒认为心脏是血管系统的中心，所以也是生命的中枢。这一观点被传给了亚里士多德，并被传到今天。他还持有进化过程的模糊概念，他认为凡不适应生存的某些动物早在过去就消亡了。泰勒斯曾认为宇宙的基本成分是水，阿那克西米尼认为是空气，赫拉克利特认为是火，齐诺弗尼斯认为是土，而恩培多克勒认为一切事物都由这些物质进行不同的组合和排列构成的。当元素在力的作用下分裂并以新的排列方式重新组合时，物质就发生了质的变化。亚里士多德继续研究和改进了这一观点，并使之成为2 000多年来化学理论的基础，甚至持续到今天还是我们的惯用语言。因为当在暴风中，空气和水受到冲击而咆哮时，我们就说“元素在发怒”。

恩培多克勒对科学最重要的贡献就是，他发现空气是一种独立的实体。他提出这一论点是由于观察到一个瓶子或者任何类似的器皿倒着放进水里的时候，水就不会进到瓶子里面去。

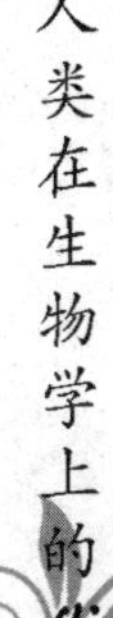

对血液循环的早期发现

大多数人相信，人体内的血液循环是英国人威廉·哈维发现的，并相信是他在公元1628年发表他的发现时第一次用这种概念而引起世界的注意。然而，哈维甚至不是认识到这种概念的第一个欧洲人，而我国则早在哈维发现的前2 000年就已发现了血液循环。

在欧洲，对血液循环的认识，先于哈维的有迈克尔·塞维特斯、里尔多·科隆波、安德烈·塞萨尔皮诺和奥达诺·布鲁诺。这些人都读过大马士革的一位阿拉伯人阿尔纳菲斯的作品中关于血液循环的概念，他本人则似乎是从我国得到这一概念的。他的作品曾译成拉丁文，但遗失了，而在公元1956年被一位学者重新发现，从而为欧洲确立了这一概念的来源。

在我国，有着无可争辩的、卷帙浩繁的文字记载，足以证明血液循环至迟也是公元前2世纪就已确立的学说。鉴于这种概念这时已发展成为完善而复杂的学说见于《黄帝内经》，因此最初的概念一定出现于在此以前很长一段时间。可以有把握地说，血液循环的概念比西方接受它大约早2 000年就已出现在中国。

我国古人设想人体内有两种独立的流体循环系统。血液，由心脏输出，流经动脉、静脉和毛细血管。“气”，一种微妙的、稀薄的能量形式，由肺脏输出，而在无形的“道”（经脉）中循环于周身。这种双流体循环概念对针刺疗法极为重要。

我国传统上把脉搏鉴别为28种不同的脉象，公认其发出于输送血液的心脏。对人体及其功能的整体观念就是血（即“阴”）和“气”（即“阳”）的双循环理论。此二者相互关联。《黄帝内经》说：“血液的流动是由‘气’来维持的，而‘气’运动决定于

血；因此，它们在循环流动时互相依存。”

《黄帝内经》又说：“人体脉管系统的功能是促进血与气的正常流通（循环），因此，人从食物取得的精华，可以滋养阴阳脏腑，维持肌肉和筋骨，润滑关节。”《黄帝内经》还说：“我们所说的脉管系统像是水坝和拥壁，形成隧道环路，这些隧道控制着血液经过的路径，这样，血液就不会外逃或从某处漏掉。”

我国先人为进行观察研究，从尸体取出血管将它们拉直测量全部长度，其结果约为49m。

每24h，血液循环与“气”的循环在腕部再次“会合”，完成了50条血液循环的路程，使这两个循环恰好重合。因此可以计算出，血液每天要流经2 469m的路程。在这时，就已大约呼吸13 500次。这就是说，每一次呼吸，血液就流动15cm。

心脏显然可以被想象为具有输送血液的功能。的确，古代的医生曾在他们的课堂上使用奇怪的风箱与竹管系统抽吸液体，向学生们演示心脏和血液循环是怎样进行的。

对人体内的血液循环的计算表明，每循环一次约需28.8min。通过医学研究，我们知道，这比实际情况约慢60倍，真正所需的时间为30s。威廉·哈维对这一点并没有作出结论，他推测这段时间可能为“半小时……一小时，或甚至一天”。

荷属东印度群岛的医生威伦坦·里吉尼在他的《针刺尾数图》（1685年）中说：血液循环是中国医学总体的基本原则之一。他写道：“中国的医生……也许比欧洲医生早许多个世纪就已经以很大关注致力于钻研和讲授血液循环，无论是就个人而言，还是从集体来说。他们把他们整个医学的基础建立在这种循环的规律上，这些规律就像是设在特尔菲（古希腊城市）的阿波罗神（希腊太阳神）神殿。”

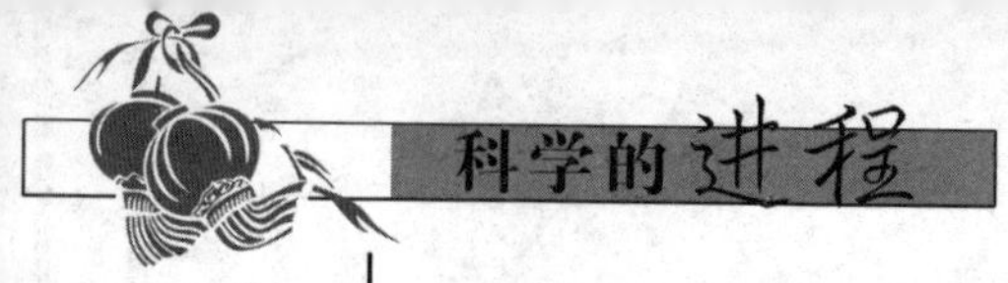

对糖尿病的早期认识

糖尿病最初在我国称为“消渴”，其含义是“解除口渴”。这一病名取得非常合适，因为糖尿病表现为不正常的口渴症状，并且排泄大量的尿液。在公元前 2 世纪时，糖尿病就被详细地记载于《黄帝内经素问 · 奇病论篇》中。

这表明，从那个时期起，我们的祖先便提出了对糖尿病的令人惊奇的确切诊断。我们不知道他们在什么时候首先注意到糖尿病人的尿中有过量的糖。但是，在公元 7 世纪时，医生甄权在他所著的《古今录验方》一书中已提到。该书已失传，但其主要的段落在 752 年被王焘引用在他的《外台秘要》一书中。

“糖尿病有三种形式：一是常感口渴而饮水多，小便频繁，尿中不含脂肪，像麦片，尝之味甜。这是糖尿病（消渴病）。二是吃得甚多，而不甚渴……三是虽渴但不能多饮水，下肢肿（浮肿），但脚消瘦，阳痿，小便频繁。”

上述的第一种类型是普通的糖尿病，而第二种类型是以患者吃大量食物为特征的糖尿病，至于最后一种类型，可能仅仅是指过度肥胖的人患有的糖尿病，因为肥胖症是糖尿病的一种复杂因素。观察腿部情况是了解循环功能低下的糖尿病人的一种手段。若糖尿病十分严重或患者穿的鞋太紧并喜欢用暖水壶暖脚，就会生疖子、发炎等，以至严重到发展为坏疽。

同样是在公元 7 世纪，李暄写了一本关于糖尿病的专著《医说》，解释糖尿病人尿甜的原因。他写道：“这种病是由于肾与尿道虚弱造成的，尿味常甜。许多医生往往不知其症状……农民的谷类食物含有甜味……制作甜食的方法……很快就转换为甜味……咸味易于排泄。但由于受到控制的肾与尿道系统虚弱，就不能摄取营养

要素，因此一切都变成尿排出。所以尿有甜味，而且不能获得其正常颜色。”

公元7世纪的另一位医学家孙思邈，大约在655年写了一部《千金方》，书中记载了有关糖尿病的内容：“要戒除三点：一饮酒，二房事，三咸食和面食。若能遵守这种摄生法，不服药也能疾病痊愈。”

这样，在公元7世纪，我国古代医生已经发表了他们对糖尿病尿甜现象的观察情况，致力于对此进行解释，并且提出控制糖尿病的饮食摄生法，避免饮酒和食用含有淀粉的食物。这与现代的方法相差不远。

到公元1189年，张杲医生在《医说》中也记录了注意糖尿病人皮肤的重要性和患者皮肤轻微受损的危害性：“糖尿病患者是否治愈，要注意患上大疖和痈；若痈疽发生于骨节间，后果不堪设想。我亲眼见到我的朋友邵任道患糖尿病多年，死于痈疽。”

还应该提及的是，在我国历史上，特别是著名人物所患糖尿病的许多病例显然是由于金属中毒所引起的。这是由于服用了某种长生不老药而产生的另一种危害，因为药中含有大量的铅、水银甚至砒霜。

糖尿病人的尿发甜也为印度人所知，不过不像我国那样有确切的文字记载，而且这种现象大约于1660年才被欧洲的托马斯·威利斯所发现，这一发现于1679年才发表。1776年马修·多布森辨别出使尿变甜的成分就是糖，但是直至1815年，这种糖才被认定是葡萄糖。尽管我国从未把糖尿病与胰腺联系起来，或者没有任何胰岛素方面的知识，但与西方相比，我国认识并力图控制糖尿病却要比欧洲早1 000多年。

“所有那些尿中有甜味但没有脂肪薄片的人均是糖尿病患者”，在公元7世纪，中国人达到这样的认识是一个很大的成就。

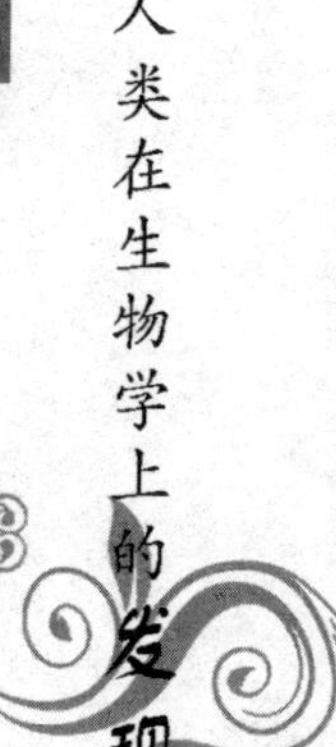

加伦的一系列重大发现

加伦（129—199年）是古罗马伟大的医学家，他的死标志着古罗马医学富有创造性的时期的结束。加伦是一个奇怪的过渡性人物，对他那个充满神秘气氛的时代环境来说，他是相当科学化的了；而对于后期的科学家来说，他又显得十分神秘。在加伦身上兼有科学家、实验家、哲学家和神学家的特征。但在医学界，他是当之无愧的权威，地位也许仅次于伟大的希波克拉底。

公元162年，加伦决定到帝国的京城罗马去检验一下自己的水平，这使得他有幸获得一个施展自己技艺的机会。

加 伦

在罗马，一个非常有名的哲学家患了疟疾，罗马的许多医生都治不好，但是加伦治愈了他。于是，加伦很快就受到了人们的尊敬，并被当做一个奇迹的创造者。接着他又治好了恺撒的一名主要行政长官的妻子的病，从而得到了这位长官的帮助和支持。这位保护者和他一样，也对解剖学非常感兴趣。四年后，正当他的事业蓬勃兴旺并且也得到很多报酬时，他却突然起程回珀加孟了。关于回家的原因，他说是因为受到当地许多手艺较差的医生的敌视，不得不回家。然而，值得注意的是，他离开罗马的时候与当地烈性传染病的暴发时期恰恰一致。这种传染病可能是天花或斑疹伤寒。

不久以后，加伦在奥里略皇帝的邀请下，永久定居于罗马。皇帝称他是最优秀的医生和哲学家。他成了奥里略皇帝的御医，还为

后来接任的三个皇帝服务过。在所有这些奇遇中，加伦一直忙于医疗实践、解剖研究、演讲上课、学术论战等活动，他还忙着写作各种专题论述。他声称自己写了256本书，其中有131本是关于医学的。这些书的内容包括哲学、数学、语法、法律、解剖学、生理学、脉搏、卫生学、营养学、病理学、治疗学和药学，对希波克拉底的评论以及自传。他的著作不仅反映了他的学术成就，也反映了他敏锐的观察力。

在当时的环境中，加伦虽然被禁止进行正规的人体解剖，不过他对自己研究成果的可靠性是很有信心的。他解剖了许多动物，他认为对于医学解剖来说，猿类在解剖结构上与人最相近。他虽然从来没有机会系统地解剖人体，然而他利用了许多偶然的机会了解这方面的情况。在《论骨骼》一书中，他曾谈到当坟墓或历史遗迹被弄开时，他常有机会观察人的骨骼。他带着病态似的热情描述过一件事。一次，洪水把一具尸体从坟墓中冲出来，尸体顺着溪水来到河滩上，尸体上的肉烂光了，但骨髓仍然完整地相互连接着。这样，这具尸体就“好像是医生为他的学生上课准备好的标本一样，便于让人们进行观看”。另一个例子是，一个强盗的尸体被扔在离路边不远的田野上，没有一个人愿意埋葬这个恶棍，结果鸟吃完了他身上的肉。仅仅过了两天，这具尸体就已经“准备好让任何一个愿意欣赏解剖表演的人参观了”。

加伦是一个技艺精湛、观察敏锐的解剖学家。他的著作非常适合于学生使用，学生不仅从字面上而且可以从精神上学习他所教授的内容。他的解剖学工作在《论解剖过程》和《论身体各部分器官的功能》两书中得到了完整的阐述。加伦在解剖学上的重要性是不容低估的，他的成就达到了古希腊医学研究的顶峰，他的观点在医学和生物学上拥有最高权威。他的解剖学研究，直到16世纪才受到挑战；而他的生理学概念到17世纪以前一直保持着实质上不容置疑的地位。

但加伦的解剖学也存在着明显的缺点，即他研究的对象是动物而不是人本身。由于那个时代的特征限制，他难以避免这些不足。尽管他没有掩盖这一事实，但是却也没有把它看做是一个严重的问题。正如赛尔苏斯所谈到的，他本来是应该利用伤口作为深入研究人体内部器官的窗子，这样便可学到许多东西。我们很容易想象，在作为他第一批病人的角斗士们可怕的伤口上，他所能得到的是一种什么样的乐趣。

加伦不满足于纯粹的解剖学描述，他还想进一步把研究范围从人体的结构发展到器官的功能，从纯粹的解剖学发展到实验性的生理学。虽然他曾受过亚里士多德派的教育，但却丝毫不赞成同时代的亚里士多德派宁愿争论而不愿解剖的态度。在把医学研究从解剖学发展到生理学的过程中，加伦希望能够把希波克拉底的医术转变成医学。在建立以实验为基础的生理学时，加伦是一个既没有竞争对手但也没有榜样的拓荒者。加伦的著作由于数量太多，写作的风格又总是使人厌烦得不愿读下去，因此并没有受到完全的研究。这样，人们就过分地强调了他的著作中引起16世纪解剖学家们起来造反的那些错误部分。但无论是他对学术的贡献还是他的缺点或错误，都曾在医学、解剖学和生理学的历史上产生了巨大的影响，因此，对他著作中的这两个方面都应给予客观的评价，这一点是很重要的。

然而，加伦关于血管系统的论述中，也有一些错误。其中最主要的是他假设了肝脏是静脉源泉的说法，并且教条主义地断言心脏的中隔是有穿孔的，这些错误是他关于空气、灵气和血液分布的错误理论的组成部分。对加伦来说，心脏本身就是令人困惑难解的谜。他否认心脏是块肌肉，因为它与其他的肌肉不同，它非常坚韧，而且从不停止跳动。实验证明，把心脏从动物体内取出以后，它仍能继续跳动。这就很好地证明了心脏的跳动是独立于神经刺激之外的。

按照加伦的说法，血液由消化了的食物不断地合成出来。食物的有用部分变成的“乳糜”，从肠经过肝门静脉进入肝脏。肝脏具有把“乳糜”转变成暗色的静脉血的功能。肝是与营养和生长有关的生命场所，它充满了带有自然的灵气的血液。食物中无用的部分在脾脏中变成胆汁。血液从肝脏出发，沿着静脉系统分布到全身。他认为心脏的右边是静脉系统的主要分支。血液从心脏右边出来后进入不同的分支。部分血液通过动脉样的静脉（肺动脉）向肺里排出“烟气”，这些烟气就被呼出体外。部分血液碰到了由气管和静脉样的动脉（肺静脉）从外界带进来的元气，两者混合，就产生了颜色鲜艳的动脉血和拥有活力的灵气，再通过动脉系统分布到全身。某些动脉中的血液流到位于大脑基部叫做“迷网”的血管网中。在这里，具有活力的灵气变成了动物性灵气，然后通过中空神经分布到全身。

加伦的“人体”解剖学中的错误几乎与他在生理学中的错误一样多。他认为肝是五叶的，实际上另一些动物（如狗）的肝才是五叶的。他认为位于大脑基部的迷网实际上只存在于反刍动物身上，并且把心脏的主动活动阶段看做是在膨胀期，而不是在收缩时就把空气排出体外。这种理论并不能解释当心跳频率比呼吸频率要快得多时心脏怎么能够推动呼吸的进行。虽然加伦的体系是以不完善的观察和不正确的推理为基础，但它却在 1 400 多年这样漫长的时期内被视为令人满意的理论。这似乎满足了把医学和哲学完全而简单地结合起来的需要。他的理论不仅结合了希波克拉底的四种体液说、亚里士多德把生命和灵气分为三级的学说以及斯多噶派的庞大宇宙精神（灵气）学说，它还充满了宗教精神，对伟大的造物主及其杰作的钦佩之情溢于字里行间。

而在生理学上，很难找到一个加伦丝毫未触及的问题。他纠正了人们对肾脏功能的传统认识，通过结扎输尿管证明了尿液是在肾脏里形成的，与膀胱无关。他还进一步打算通过给猪喂不同的食

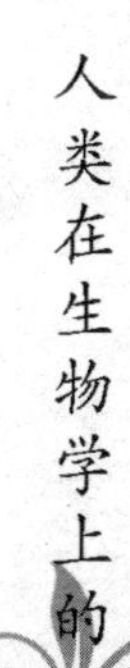

物，然后解剖它们的胃，并通过观察来研究其消化过程。

毫无疑问，加伦是从古代直到维萨里以及后来的哈维时期内最重要的解剖学家和医学实验家之一，甚至维萨里和哈维这两个伟大的科学家在一开始也是信仰加伦主义的。后来他们抛弃了加伦主义，也许正应该被认为是作为科学家的加伦的科学精神的真正胜利。

在欧洲最黑暗的时期，加伦的大多数长篇大作虽然不为世人所知，但也没有失传或完全被人忽视。他的著作被译成了叙利亚文和阿拉伯文，他的宗教倾向及医学知识（即使包括他的实验方法）也都成了基督教徒和穆斯林研究医学的基础。

麻沸散的发明

3世纪初，我国东汉末年的华佗发明了世界最早的麻醉剂——麻沸散，这使得医生可在麻醉状态下对病人进行外科手术。

麻沸散是华佗创制的用于外科手术的麻醉药。麻沸散究竟是怎样发明的，历史上并没有确切记载，其中一种流传甚广的说法是华佗的儿子沸儿误食了曼陀罗的果实不幸身亡，华佗万分悲痛，在研究曼陀罗的过程中发现其具有麻醉作用，于是在曼陀罗的基础上加了其他的几味中草药研制出了世界上最早的麻醉药，为了纪念他的儿子而将这种药命名为麻沸散。

华 佗

《后汉书·华佗传》中记载："若疾发结于内，针药所不能及者，乃令先以酒服麻沸散，既醉无所觉，因刳（kū，剖开）破腹背，抽割积聚（肿块）。"

华佗所创麻沸散的处方后来失传。

1979 年中外出版社出版了一本《华佗神方》，由唐代孙思邈编集，里面就有“麻沸散”配方。它的组成是：羊踯躅 9g、茉莉花根 3g、当归 30g、菖蒲 0.9g，水煎服一碗。

书中还记载着此方专治腹中病结或患圆形或长形肿块时，必须割破小腹取出肿块；或脑内有病，必须劈开头脑，取出病邪之物则头风自去。服此方能令人麻醉，不知人事，任人劈开不知痛痒，说明麻沸散的麻醉作用很强。由此可知华佗当时在脑外科和普外科及麻醉学方面已达到相当水平。

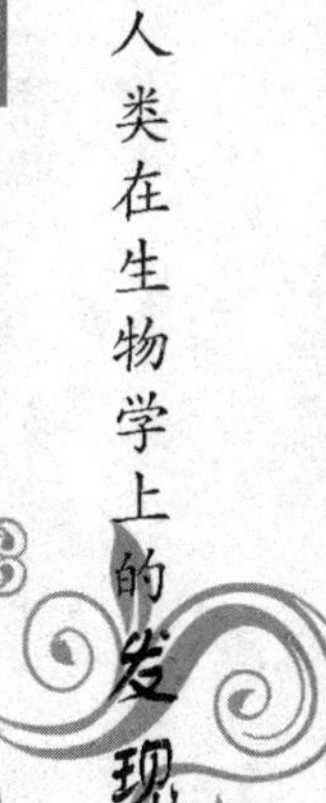

文艺复兴和近代生物学

文艺复兴时期有关生物学的文艺复兴最早发生于14~15世纪的意大利。这一时期生物学上最重要的成就是英国医生哈维建立的血液循环学说。

文艺复兴以后，随着动、植物标本的大量采集和积累，分类学得到了很大的发展。对物种的认识也从长期占主导地位的物种不变观点，逐步过渡到生物进化的思想。

17世纪显微镜的发明，揭示了动、植物的微细结构，并为人们展现了一个微生物的世界，促进了组织学、细胞学、微生物学的发展。

19世纪30年代末，施莱登与施旺建立了细胞学说，极大地促进了细胞学和胚胎学的发展。1859年，达尔文进化论的建立，对生物学及其他有关学科的发展产生了重大影响。19世纪中后叶，物理、化学和一些数学的知识和研究方法，逐渐渗入生物学的研究领域，使生物学、特别是生理学向着较深的层次发展。

总之，19世纪是生物学取得重要进展和巨大成就的时代，形态学、比较解剖学、胚胎学、古生物学得到很大的发展。其中细胞学说、进化论同能量的守恒与转化定律极大地推动了生物学和其他学科的迅猛发展，被恩格斯誉为19世纪自然科学的三大发现。

血液循环的发现

1628 年，英国医生哈维发表《心血运动论》，由此揭开了血液循环的奥秘。

哈维 1578 年出生于英国的一个富裕农民的家庭。他 19 岁毕业于英国的剑桥大学，之后到意大利留学，5 年后成为医学博士。在意大利学医时，他还常常去听伽利略讲授的力学和天文学，受其影响，他的求知欲跨越了学科界限。伽利略注重实验的做法，对哈维影响极大，他决心弄清人体血液的奥秘，认为如果能取得突破性成就对于治病救人必将有新的贡献。于是，他选择血液学作为秘密研究的方向。

哈维系统地分析了前人的研究情况：公元前 3 世纪的古希腊医生，解剖学的创始人赫罗非拉斯，最早把静脉与动脉区分开来；公元前 2 世纪，加伦提出了血液流动的理论；15 世纪，著名画家达·芬奇通过解剖，发现并提出了心脏有四个腔的理论。前人的研究成果开拓了哈维的视野，然而，他是一个善于思索的人，并不迷信权威理论，更难能可贵的是他敢于怀疑权威理论。他决心像伽利略一样，通过实验，去揭开人体血液循环的神秘面纱。这一系列实验，他首先拿动物开刀，他认为动物的血液与人的血液有着很多相似之处。据他的笔记记载，他一生共解剖过动物的种类多达 40 多种，包括许多大型动物。通过解剖，他终于发现心脏像一个水泵，血液被压出来后流向全身。

哈维用兔子和蛇，反复做实验。他把它们解剖之后，找出还在跳动的动脉血管，然后用镊子把它们夹住，观察血管的变化。他发现血管通往心脏的一端很快膨胀起来，而另一端就马上瘪下去了，这说明血是从心脏里向外流出来的，由此证明动脉里的血压在升高。他又用同样的方法，找出了大的静脉血管，用镊子夹住，其结果正好与动脉血管相反，靠近心脏的那一段血管瘪了下去，而远离心脏的另一端鼓胀了起来，这说明静脉血管中的血是流向心脏的。

哈维在不同的动物解剖中发现了同样的结果，他终于得出了这样一个结论：血液由心脏这个“泵”压出来，从动脉血管流出来，流向身体各处，然后，再从静脉血管中流回去，回到心脏，这样完成了血液循环。

1628年，他把这一发现写成了《关于动物心脏与血液运动的解剖研究》（中译名《心血运动论》）一书，正式提出了关于血液循环的理论，为了使读者信服他的理论，他在书中说：“推理和实验都表明血液是由于心室的跳动而穿过肺脏和心脏的，由心脏送出分布全身，流到动脉和肌肉的细孔，然后通过静脉由外围各方流向中心，由较小的静脉流向较大的静脉，最后流入右心室……因此，有绝对的必要作出这样的结论，动物的血液是被压入循环而且是不断流动着的，这是心脏借跳动来完成的动作和机能，也是心脏唯一的动作和结果。”

哈 维

为了让人们接受他的观点，证明人的血液循环也与动物是一样的，他还在人身上反复地实验。他请了一些比较瘦的人（容易在身上找到血管），他把那些人手臂上的大静脉血管用绷带扎紧，结果发现靠近心脏的一段血管瘪下去，而另一端鼓了起来。他又扎住了动脉血管，发现远离心脏的那一端动脉不再跳动，而另一端，很快鼓了起来。证明人类的血液循环与动物的血液循环是完全一样的。

哈维终于在医学史上取得了巨大的成功，但因为他的理论有悖于权威理论，所以，他的著作出版之后，就遭到当时学术界、医学界、宗教界权威人士的攻击，说他的著作是一派胡言，是荒谬而不

可信的。

幸好，哈维当时是英国国王查理一世的御医，受到国王的垂青，这才使他没有像前辈维萨里、塞尔维特那样付出生命的代价。

在哈维晚年时，他在伦敦的寓所遭到抢劫，后又被大火焚烧，留下的手稿仅有两部，一部是论述感觉的，一部是论述动物运动的。

直到哈维1657年逝世以后的第4年，伽利略发明的望远镜被意大利马尔比基教授改造为显微镜用于医学研究，毛细血管的存在证实了哈维理论的正确性。哈维的血液循环理论的被确认，标志着当时的科技在医学领域中的显著成就。

哈维的贡献是划时代的，标志着新的生命科学的开始，并成为发端于16世纪的科学革命的一个重要组成部分。哈维因为在心血系统方面的出色研究（以及动物生殖方面的研究），而成为与哥白尼、伽利略、牛顿等人齐名的科学巨匠。他的《心血运动论》一书也像《天体运行论》、《关于托勒密和哥白尼两大体系的对话》、《自然哲学之数学原理》等著作一样，成为整个科学史上极为重要的文献。

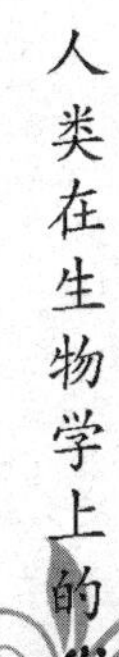

细胞的发现

1665年，英国科学家胡克制成显微镜，观察到植物细胞，并首次提出细胞的概念，由此揭开了人类研究生命构成的序幕。

罗伯特·胡克于1635年出生于英格兰南部怀特岛的弗雷施瓦特。父亲是当地的教区牧师。胡克从小体弱多病，性格怪僻但却心灵手巧，酷爱摆弄机械，自制过木钟、可以开炮的小战舰等。10岁时，胡克对机械学发生了强烈的兴趣，为日后在实验物理学方面的发展打下了良好的基础。

1648年，胡克的父亲逝世后，家道中落，13岁的胡克被送到伦敦一个油画匠家里当学徒，后来做过教堂唱诗班的领唱，还当过富豪的侍从。在威斯敏斯特学校校长的热心帮助下，胡克修完了中学课程。

1653年，胡克进入牛津大学奥尔学院作为工读生学习。在这里，他结识了一些颇有才华的科学界人士。这些人后来大都成为英国皇家学会的骨干。此时的胡克热心于参加医生和学者的活动小组，并且显露出独特的实验才能。1655年胡克成为牛津大学医学家、脑及神经科专家威力斯的助手，还被推荐到波意耳的实验室工作。由于他的实验才能，1662年被任命为皇家学会的实验主持人，为每次聚会安排三四个实验。

胡 克

1663年，胡克获牛津大学医学硕士学位，并被选为英国皇家学会会员。胡克作为该学会的实验工作与日常事务的负责人，在长达20多年的学会活动中，接触并深入到当时自然科学活跃的前沿领域，作出了自己的贡献。

1664年，胡克任格雷沙姆学院力学讲师，并任英国皇家学会珍宝馆馆长。1665年他担任格雷沙姆学院几何学教授。

1665年，罗伯特·胡克根据一位会员提供的资料设计了结构相当复杂的显微镜。他开始将显微镜应用于生物研究，他将蜜蜂的刺、苍蝇的脚、鸟的羽毛、鱼鳞片以及跳蚤、蜘蛛等，用显微镜详细地观察、比较。

有一次，他切了一块软木薄片，放在自己制造的显微镜下观察，发现软木片是由很多小室构成的，各个小室之间都有壁隔开，像蜂房似的。胡克给这样的小室取名为“细胞”。其实软木是由死细胞构成的，只是细胞壁，没有原生质。但“细胞”这个名词就此被沿用下来。绝大多数细胞都非常微小，超出人的视力极限，观察

细胞必须用显微镜。所以，1677年列文虎克用自己制造的简单显微镜观察到动物的“精虫”时，并不知道这是一个细胞。

胡克又通过显微镜对大量矿物、植物、动物进行观察，于1665年发表了《显微图集》一书，其中收集的就有著名的软木切片细胞图。这是在他全部成就中最重要的一部著作，也是欧洲17世纪最主要的科学文献之一。

胡克制作的显微镜

胡克的这一发现，引起了人们对细胞学的研究。现在知道，一切生物都是由无数的细胞所组成的。胡克对细胞学的发展作出了极大的贡献。这本图集向人们提供了许多鲜为人知的显微图画信息，它涉及了化学、物理、地质和生物学。

胡克对科学的贡献是巨大的，他不仅是一位伟大的生物学家，还是一位了不起的物理学家、天文学家。他在力学、光学、天文学等诸多方面都有重大成就，他所设计和发明的科学仪器在当时是无与伦比的，他本人被誉为是英国皇家学会的“双眼和双手”。

微生物的发现

列文虎克是荷兰显微镜学家、微生物学的开拓者。由于勤奋及本人特有的天赋，他磨制的透镜远远超过同时代的人。他磨制的放大透镜以及简单的显微镜的形式有很多，透镜的材料有玻璃、宝石、钻石等。他一生磨制了400多个透镜，其中一架简单的透镜，其放大率竟达270倍。他的主要成就有：首次发现微生物，最早记录肌纤维及微血管中的血流。

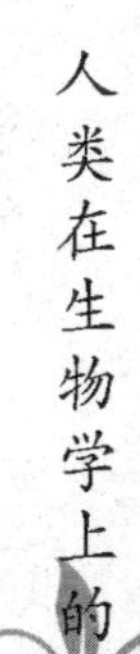

列文虎克于1632年出生在荷兰代尔夫特市的一个酿酒工人家庭。他父亲去世很早，在母亲的抚养下读了几年书，16岁即外出谋生，过着漂泊苦难的生活。后来返回家乡，才在代尔夫特市政厅当了一位看门人。

由于看门工作比较轻松，时间宽裕，而且接触的人也很多，因而，在一个偶然的机会里，他从一位朋友那里得知，用放大镜，可以把看不清的小东西放大，并让人看得清清楚楚。

但他买不起放大镜，就想自己动手制作一个。他利用自己充裕的时间，耐心地磨制起镜片来……列文虎克除了懂荷兰文之外，对其他文字一窍不通，尤其一些科学技术的著作都以拉丁文为主，列文虎克没法阅读这些参考资料，他只能自己摸索着。

列文虎克经过辛勤劳动，终于磨制成了一个小小的透镜。但由于实在太小了，他就做了一个架子，把这块小小的透镜镶在上边，看东西就方便了。

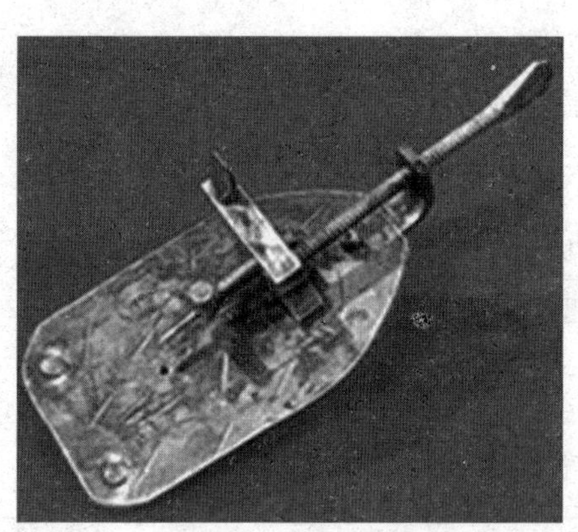

列文虎克设计的显微镜

后来，经过反复琢磨，他又在透镜的下边装了一块铜板，上面钻了一个小孔，以使光线从这里射进来而反照出所观察的东西来。这就是列文虎克所制作的第一架显微镜，它的放大能力相当大，竟超过了当时世界上所有的显微镜。

列文虎克有了自己的显微镜后，他对任何东西都感兴趣，都要仔细地观察。可是，当他把身边和周围能够观察的东西都观察过之后，便又开始不大满足了，他觉得应该再有一个更大、更好的显微镜。

为此，列文虎克更加认真地磨制透镜。由于经验加上兴趣，使他毅然辞退了公职，并把家中的一间空房改作了自己的实验室。

几年以后，列文虎克所制成的显微镜，越来越精巧和越来越完美了，能把细小的东西放大到两三百倍。

列文虎克的工作是保密的，他总是单独一个人在小屋里耐心地磨制镜片，或观察他所感兴趣的东西。他作为自学者，从动物学各科中获得了广博的知识。他把从干草浸泡液中所观察到的微生物称之为“微动物”。

但是，列文虎克却对他的朋友——医生兼解剖学家德·格拉夫（1641—1673 年）例外，因为格拉夫既是代尔夫特城里的名医，同时也是英国皇家学会的通讯会员，而且格拉夫早就听说，列文虎克正在研制什么神秘的眼镜。

一天，格拉夫终于专程前来拜访列文虎克。面对这位知名人士兼朋友的来访，他热情地接待了客人，并拿出自己的显微镜请格拉夫观看。不看则已，看着看着格拉夫抬起头来严肃地说道：“亲爱的，这可真是件了不起的发明创造啊！”格拉夫接着又说：“你知道吗？你的发明创造具有极其伟大的意义。你不能再保守秘密了，应该立即把你的显微镜和观察记录，送给英国的皇家学会。”

“难道连显微镜也要送去？”这可是列文虎克从来没有考虑过的严肃问题——要公开自己的显微镜，他认为这是自己的心血，自己的财富。所以，当他听了格拉夫的劝告后，竟情不自禁地把显微镜收了起来。

“朋友，这种公开不是坏事，谁也不会侵占你的成果，你必须向世界公众表明：你的观察是如此非凡，这是人类从未发现的新课题。”

听了朋友的好心劝告，列文虎克终于点了点头。

1673 年的一天，英国皇家学会收到了一封厚厚的来信。打开一看，原来是一份用荷兰文书写的、字迹工整的记录，其标题是：《列文虎克用自制的显微镜，观察皮肤、肉类以及蜜蜂和其他虫类的若干记录》。

当时，在场的学者们看了标题后，有人开玩笑说：“这真是一

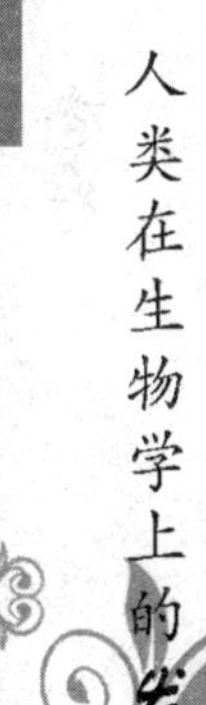

个咬文嚼字的啰唆标题。”“这肯定是一个乡下佬写的，迷信加空想。这里边说不定写了些什么滑稽可笑的事呢！”不料，他们读着读着，却一下被其中的内容牢牢地吸引住了——这毕竟是科学家们毫无所知的神秘事情啊！

列文虎克这样写道：“大量难以相信的各种不同的极小的‘狄尔肯’……它们的活动相当优美，它们来回地转动，也向前和向一旁转动……”

“好，好，这是一篇极有价值的研究报告。”此时，大家的态度来了个180度的大转弯。然而，在信的结尾，当他最后向皇家学会担保说：“一个粗糙沙粒中有100万个这种小东西；而一滴水——在其中，狄尔肯不仅能够生长良好，而且能活跃地繁殖——能够寄生大约270多万个狄尔肯”时，显赫的皇家学会竟觉得这又是件太令人不可思议的事了，以至于不得不委托它的两个秘书——物理学家罗伯特·虎克和植物学家格鲁，为皇家学会准备一个质量最好的显微镜，以进一步证实列文虎克所报告的事情是否真实。

经过几番周折，列文虎克的科学实验终于得到了皇家学会的公认。

于是，列文虎克的发现报告被译成了英文，并在英国皇家学会的刊物上发表了。这份出自乡下佬之手的研究报告，果真轰动了英国学术界。列文虎克也很快成了皇家学会的会员，学术界对他的成就作出了极高的评价。

成功的喜悦，并没有使好奇心强的列文虎克冲昏头脑，相反，更加激发了他那锲而不舍的探索精神。

他将自己的观察报告继续不断地寄往伦敦，皇家学会的科学家们一如既往地抢先阅读。

1673年，列文虎克详细地描述了他对人、哺乳动物、两栖动物和鱼类等红血球的观察情况，并把它们的形态结构，绘成了图画。

1675年，他经过多次对雨水的观察之后，又将他的观察记录送

往了皇家学会："我用 4 天的时间，观察了雨水中的小生物，我很感兴趣的是，这些小生物远比直接用肉眼所看到的东西要小一万倍……这些小生物在运动的时候，头部会伸出两只小角，并不断地活动，角与角之间是平的……如果把这些小生物放在蛆的旁边，它就好像是一匹高头大马旁边的一只小小的蜜蜂……在一滴雨水中，这些小生物要比我们全荷兰的人数还多许多倍……"

1677 年，列文虎克同他的学生哈姆一起，共同发现了人以及狗和兔子的精子。

"这些小家伙几乎像小蛇一样用优美的弯曲姿势运动。"这是 1683 年，列文虎克在人的牙垢中所观察到的比"微动物"更小的生物。诚然，由于他的显微镜效能还不能完全清晰地看清这些小生物，所以，他的描述和绘图，并不够准确。尽管如此，谁又能怀疑，列文虎克不是发现微小生物的鼻祖呢？

列文虎克在牙垢中所发现的微小生物究竟是什么呢？当时就连他自己也不得而知。直到 200 年之后，人们才认识了它们——无处不在的细菌。

列文虎克经常把他的显微镜对着光来进行观察

由于列文虎克的名气越来越大，一天，有位记者来采访列文虎克，向他问道："列文虎克先生，你的成功'秘诀'是什么？"

列文虎克想了片刻，没有说话，却伸出了因长期磨制透镜而满是老趼和裂纹的双手。这不是一种最诚挚而又巧妙的回答吗？

1723 年，91 岁高龄的列文虎克，虽然健康状况越来越坏，但他的工作并没有停止。8 月 24 日清晨，素有早起习惯的列文虎克却

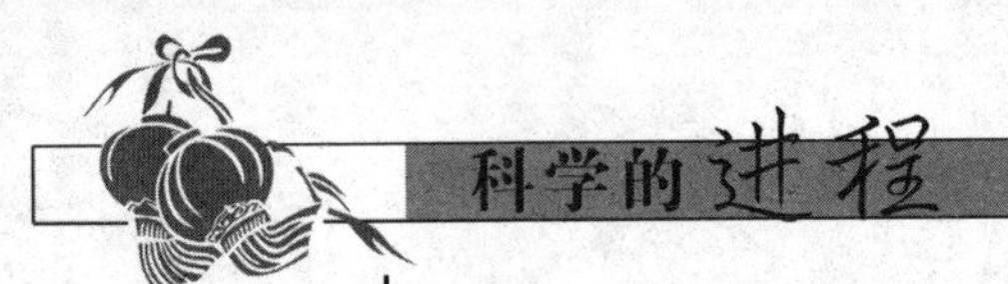

没有按时起床，他的女儿玛丽娅对父亲的破例感到奇怪。当她来到父亲的床前时，列文虎克却抢先说道：“玛丽娅，快去请霍夫利特先生到我这里来。”

即将离开人世的列文虎克，镇静地对好友霍夫利特说：“对不起，请将桌子上的两封信译成拉丁文，并连同包袱送到伦敦皇家学会。”

1723 年 8 月 27 日，列文虎克在亲密的朋友和女儿的陪伴下，在代尔夫特的老家，安静地离开了人世。

列文虎克的一生当中磨制了超过 500 个镜片，并制造了 400 种以上的显微镜，其中 9 种至今仍有人使用。虽然他活着的时候就看到人们承认了他的发现，但要等到 100 多年以后，当人们在用效率更高的显微镜重新观察列文虎克描述的形形色色的“小动物”，并知道它们会引起人类的某些严重疾病和产生某些有用物质时，才真正认识到列文虎克对人类认识世界所作出的伟大贡献。

植物的性别

1694 年，德国科学家卡默拉留斯在欧洲第一次证实植物是有性别的，而中国人对于植物性别的认识比欧洲人早 1 000 多年。

中国古代对于高等植物的性别就有认识。如春秋到西汉初写成的《尔雅》（约 2 200 年前）中就记载着“桑瓣有葚，栀”，意思是说，桑树有半数能结桑葚，名为栀。在 1 400 多年前，北魏时期的《齐民要术》《种麻子》篇中就正确地认识到雄麻传播花粉和雌麻结子的关系，“既放勃，拔出雄，若未放勃去雄者，则不成子实”（放勃即指雄花传播花粉）。

大多数被子植物的雌、雄器官，即雌蕊和雄蕊，着生在同一朵花里。这类植物称为雌雄同花植物，以符号⚥表示；在某些植物中，雌、雄蕊分别着生在不同的花里，成为单性的雌花和雄花，但

雌花和雄花同时出现在同一植株上。这类植物为雌雄同株异花植物，以符号♀表示，如玉米和瓜类等。在另一些植物中，雌雄花分别着生在不同植株上，为雌雄异株植物，如千年桐、大麻、银杏等。此外还有许多中间类型，有的在同一植株上既有雌雄蕊同在一朵花中的两性花，又有仅具雌蕊或雄蕊的单性花。许多雌雄异株植物都有性染色体，不过，有些严格意义上的雌雄异株的植物体细胞中，染色体形状较小和数目较多，很难区分出性染色体。

与动物相比，植物的性别是相对不稳定的，它虽然受遗传因子决定，但在外界环境和药剂的影响下比较容易发生改变。

在雌雄同株异花和雌雄异株植物中，不同性别的器官和植株具有不同的经济价值。如果以种子和果实为收获对象则需要大量的雌花或雌株；而有时为了其他目的，就更欢迎雄株，例如以纤维为收获物的大麻，以雄株为优，因其纤维拉力较强；为了得到银杏种子，宜多种雌株，而如用银杏作行道树，则又以雄株为佳。在雌雄同花植物中，有时为了育种的方便，也需要化学去雄。

在雌雄同株植物中，一般总是雄花先开，然后是两性花和雄花混合出现，最后才是单纯雌花。在蓖麻中这种情况很明显，在黄瓜中，侧枝较主茎形成较多的雌花，随着分枝级数提高，雄花与雌花的比值下降。这一现象说明雌花是在植株开花进入晚期阶段才出现的。

营养、温度、日照长度、光质、光照强度、水分供应、空气成分等都对植物性别分化有一定的影响。一般说来，充足的氮素营养，较高的空气和土壤湿度，较低的气温（特别是夜间低温），蓝光，种子播前冷处理等，有利于雌性分化；高温、红光等因素则促进雄性分化。日照长度的影响因植物光周期的类型而异，一般短日照促进短日植物多开雌花，使长日植物多开雄花；长日照的作用则相反。

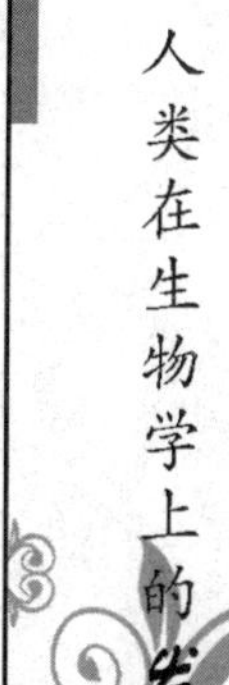

在温室栽培中，很早就有使用熏烟法提高黄瓜结实率的经验。后来查明“烟”中有效成分为一氧化碳，用0.3%一氧化碳处理黄

瓜幼苗可使雄花数大大下降，雌花数显著提高。经过一氧化碳的处理不仅可改变雌雄花的比例，而且可改变雌雄花出现的顺序，降低了雌花着生的节位，可使黄瓜提前长成上市。

植物激素，如生长素、赤霉素、细胞分裂素和乙烯对植物的性别分化都有明显的调节控制作用。一般而言，赤霉素促进雄性分化，而生长素、乙烯和细胞分裂素则促进雌性分化。细胞分裂素能使瓜类，包括黄瓜和瓠瓜提早开雌花，增加雌花数，提高产量。

一些生长调节剂，包括类生长素、抗生长素以及激素合成的抑制剂，对植物性别分化也都有明显的影响。

应激性学说的提出

1757—1766 年期间，瑞士医生冯·哈勒陆续出版了八卷本《人体生理学纲要》，提出应激性学说，奠立近代生理学基础。

1708 年，冯·哈勒出生在瑞士的伯尔尼。1727 年，冯·哈勒从位于现在荷兰的莱顿大学获得医学学位。1727—1728 年，他在欧洲的一些城市游学，最后一站到了瑞士的巴塞尔。在那里，他集中精力学习数学。此后不久，他开始收集瑞士的植物并把它们分类。1729—1736 年间，他在伯尔尼行医。从 1736—1753 年，他又在德国的哥廷根大学出任解剖学、外科学和医学教授。

冯·哈勒

哈勒从事了大量的研究，他在自己八卷本的《人体生理学原理》著作中详细描述了他的研究发现。哈勒在书中描述了人体所有已知的

器官，并解释了很多器官的作用。比方说，他认定，心脏壁的肌肉是受充血的心室刺激实现心脏有规律地收缩并将血液抽送至全身的功能的。

哈勒把身体的很多部分按照它们的“易怒”程度，也就是它们对刺激产生的反应大小，组织起来。他通过在动物身上做很多实验来观察这些部分的反应。由此他认识到生物对外界各种刺激（如光、温度、声音、食物等）会发生一定的反应，他将这种现象称之为应激性。生物因为有了应激性，便能对周围的刺激发生反应，从而使生物体与外界环境协调一致，形成了适应性。由此他提出了应激性学说。

尽管哈勒的研究并不直接涉及神经系统，但还是为后来的研究神经系统和肌肉疾病的神经病学学科奠定了基础。

斯巴兰让尼的多项实验和发现

1765 年，意大利实验生理学家斯巴兰让尼否定了生命起源的自然发生说，并在 1768 年，首次以蝾螈为材料进行了动物的再生实验。

斯巴兰让尼于 1729 年出生于意大利斯坎迪亚诺镇，他的父亲是一位知名的律师，母亲出身富裕之家。斯巴兰让尼 15 岁中学毕业后进入勒佐-艾米里亚耶稣神学院，学习了五年，受到很好的语言学和哲学等方面的教育。1749 年，他转入著名的波伦亚大学学习法律。他的堂姐芭西是一位杰出的妇女，在波伦亚大学任物理学和数学教授，在她的引导下，斯巴兰让尼对自然科学发生了浓厚兴趣，从而转学自然科学，1753 年取得博士学位。此后不久，教会任命他为牧师，1760 年成为神父。教会的经济支持，保证了他科学事业的顺利进行。

1761 年，他首次外出进行科学考察。他通过研究多重相互联系

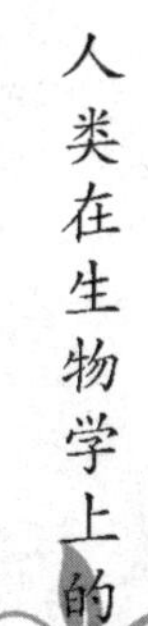

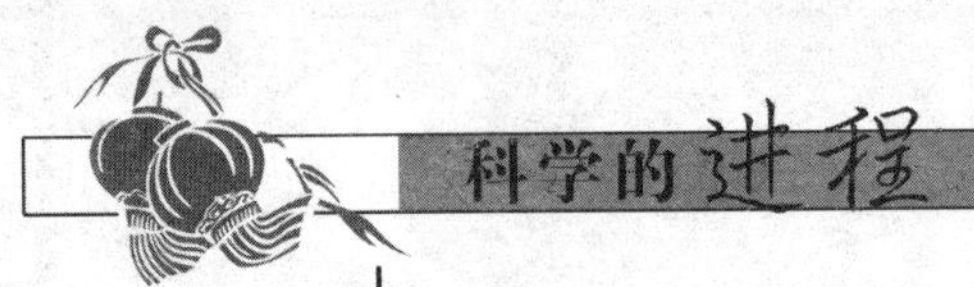

的物质证明，山间泉水不像笛卡尔所说的那样是由海水变来的，而是如瓦里斯纳里所指出的那样，是雨（雪）水渗入地下后流出来的。这充分展示了斯巴兰让尼严谨的治学态度和逻辑思维能力。就在这一年，瓦里斯纳里把布丰和尼达姆关于自然发生说的思想和著作介绍给他，引起了他极大的注意。从1762年开始，他对自然发生说的问题进行了深入研究，并取得很大的成功。

自然发生说是一种关于生物起源的假说，认为生物是由非生命物质发展来的。从人类文明的最早期直到17世纪，自然发生学说在人们的心目中几乎是普遍存在的而且又是毫无疑问的。斯巴兰让尼通过上百次对比实验，发现将浸液放在密封的长颈瓶中煮1个小时，就不会再有微生物存在。他指出，浸液中的微生物是由于消毒不彻底或来自空气的污染造成的。斯巴兰让尼对自然发生说问题的研究具有双重意义：首先，他早于巴斯德近一个世纪，用科学实验批驳了微生物自然发生说，并且实验构思相当巧妙，对此巴斯德极为钦佩，特地请人画了一幅斯巴兰让尼的画像，悬挂在餐厅中，以便天天瞻仰；其次，他由此发明了高温消毒法。当然，由于历史条件，他没能彻底驳倒微生物的自然发生说，也没有回答生命最初的起源问题。

蝾 螈

1765年，斯巴兰让尼开始了动物再生能力的研究。他用蚯蚓做了数千次实验，认识到有利于蚯蚓再生的一些切口的准确位置。他在研究了蛞蝓的触角，蜗牛的头、触角和足，蝾螈的尾巴、四肢和上颚，以及青蛙、蟾蜍的四肢的再生后发现：动物的再生能力，低等动物比高等动物强、年幼动物比成年动物强、体表组织比内部器官强等事实。此外，他还用蜗牛做过异体头部的移植实验并获得了成功。他将研究成果收集在《略论动物的再生》和《关于陆生蜗牛头部再生的实验结果》两部著作中。

在这一时期，斯巴兰让尼还对动物的血液循环系统进行了系统的研究。关于血液循环，哈维已将血液循环途径基本研究清楚了。斯巴兰让尼观察了心脏有节律地跳动，从而推动血液流动，他发现，血液在大的动脉血管中同样有节律地跳动式流动，到了小动脉，才开始变得均匀。他还观察到单个红细胞有时会变形，以便通过卷曲的毛细血管。他还首先发现，在恒温动物中，存在着动静脉交织在一起的结构，并提出动脉的跳动除心脏产生的压力外，还由于血管壁的弹性作用。1768 年，他发表了《论心脏的运动》一文，总结了这方面的成果。同年，斯巴兰让尼当选为英国伦敦皇家学会会员。

蜗　牛

1777 年，斯巴兰让尼开始研究动物的消化生理。当时人们普遍认为动物的胃只能将食物磨碎，不能将食物中的有机物分解，也就是说动物的胃只有物理性消化，没有化学性消化。

1783 年，斯巴兰让尼将肉块装在打有小孔的金属管或小球中，并让动物吞下装有肉块的小球，这样食物就不受物理性消化的影响，而胃液却可以进入小球中。过一段时间，他把小球取出来，发现球内的肉块消失了，所以，他推断胃液中一定有某种物质可以消化食物。他首先引入“消化液”一词，认为消化液中含有某种能分解食物的化学成分，所谓消化就是消化液对食物的分解过程，这同腐败现象有本质区别，他指出消化液是强烈防腐的。他用实验证明消化速度不但同食

物的性质和消化液的多少有关，而且还与温度的高低有关，而体温是最适宜的温度。他还指出，小肠的分泌物或许能完成全部消化过程。由于当时的实验条件和实验方法较落后，斯巴兰让尼并没有弄清楚胃液中究竟是什么物质将食物消化了，直到1836年，德国的生理学家施旺从胃液中提取出了消化蛋白质的物质，后来被称为“胃蛋白酶”，从而才解开了胃的消化之谜。

1771—1780年，斯巴兰让尼还进行了受精问题的研究。现在我们知道，进行有性繁殖的生物，其子代个体是通过精子和卵细胞的结合，即受精作用，产生受精卵，而后由受精卵发育形成的。但在18世纪，对于受精过程的认识还相当模糊。1677年，人们发现了精子，而卵子则是人们早已熟知的，但在受精过程中，这两者有什么关系呢？

一种观点认为精子在受精时起重要作用，而忽视卵细胞的作用。1677年8月，哈姆第一个观察到了精子，并得到列文虎克的认同。后来有的学者认为，在人的精子中包含有非常小的人，在其他的动物的精子中也有极度缩小的该动物，这是精源论者的观点。另一种是卵源论者的观点，他们轻视精子的作用。布丰等人认为精子只不过是精液中的寄生物，即使有的学者承认精液的作用，但当时也不清楚到底是精液中的哪种物质在起作用。斯巴兰让尼是一名卵源论者，他认为卵中含有极度缩小的该生物个体，如青蛙的卵中已存在着蛙，这样，在卵还没有排出体外时，蝌蚪就已存在于卵中——以某种方式蜷曲和紧密地集聚着，只要有雄性的能使之受精的液体存在，就随时准备展开自身。

尽管斯巴兰让尼的有些观点不正确，但他在受精问题的研究上成绩不菲，他设计了许多精彩的实验，否定了一些错误认识。他在观察青蛙、蝾螈等两栖动物的繁殖时发现了它们是体外受精，从而否认了动物只能体内受精，不可能进行体外受精的错误观点。具体的做法是：他为雄蛙设计了一种特殊的贴身的塔夫绸“裤子”，穿着这些独特服装的蛙像平时一样企图交配，交配后，虽然雌蛙产下

许多卵，但没有一个卵能发育。而当一些卵与保留在裤子上的精液接触后，正常的发育便开始了。后来，他直接从精囊中收集精液并把它小心地“涂”在卵上，这些处理过的卵都能正常地发育成蝌蚪，而没有与精液接触过的卵则解体。这样，斯巴兰让尼就发明了一种人工授精方法。

斯巴兰让尼还利用人工授精的方法，进一步探究了精液中哪些物质具有受精功能，非精液物质到底有没有受精作用等问题。他又设计了一系列精巧的实验，他用血液、血液提取物、电流、醋、酒、尿、柠檬汁、油等物质与青蛙卵接触，结果都不能使卵受精和发育，而青蛙精液，即使稀释到原浓度的1/8 000，仍然具有受精能力。那么究竟精液中哪种成分具有受精能力呢？有人说是气味，为了检验这个观点，他先把几滴青蛙精液放在一片玻璃上，再将面筋粘在另一片玻璃罩上，面筋上粘着26枚青蛙卵，而后将玻璃罩倒扣在精液上面，使精子和卵细胞不接触。过一段时间，装置中已有一半精液蒸发掉了，此时卵也湿润了，但把卵放入水中后，它们并未发育。为了检查剩余的精液是否有效，他把一些卵与此精液接触，这些卵受精了，并且能发育。通过实验，斯巴兰让尼证明了精液的气味不能使卵受精。后来，他又将精液进行过滤，通过过滤把精液分成两部分，没有精子的黏液和含有精子的黏稠物，然后分别用来进行人工授精实验，发现前者没有受精能力，而后者用水稀释后仍有受精能力。事实是显而易见的，但由于斯巴兰让尼原有的知识和信仰，使他认为完成受精作用的是残留在过滤纸上的液体，而不是精子。

青　蛙

另外，斯巴兰让尼还对电鳗的放电现象，蝙蝠飞翔时的定向问

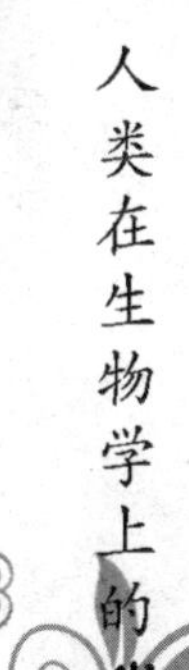

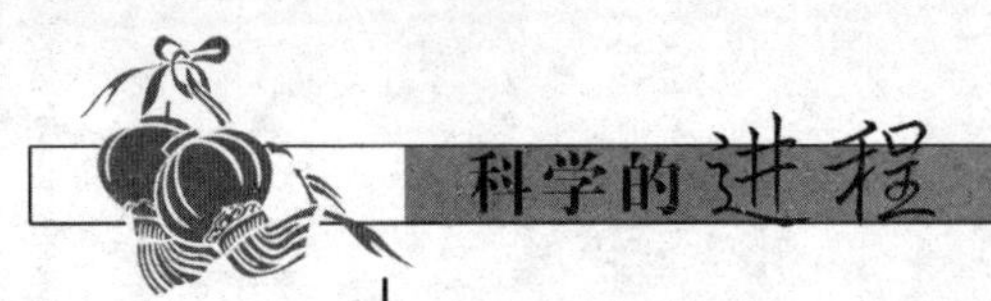

题等进行了研究。同时，他还是一位不知疲倦的旅行家和无畏的探险者，他使帕维亚自然博物馆成为意大利最著名的博物馆。他还是火山学的奠基者之一。

1799 年 2 月 11 日斯巴兰让尼与世长辞，终年 70 岁。斯巴兰让尼把他的一生都献给了科学事业，根据他的遗嘱，他患病的膀胱被捐献给了帕维亚自然博物馆。

色盲的发现

英国科学家道尔顿 1766 年出生于英国昆伯兰城鹰野村的一个贫苦农民的家庭，从小没有受过正式教育。他的学问全是刻苦自修学来的，他在艰苦的自学中，不仅向书本学习，向大自然学习，还向一切有知识的人学习。

由于他刻苦钻研，他一生中为人类作出了许多贡献，发现了“气体分压定律”和“倍比定律”，创立了原子学说等。就是这位恩格斯称为“近代化学之父”的道尔顿，在青少年时期曾经闹过许多笑话。不过，闹出的笑话都不是由于他的无知，而是因为先天的一种生理缺陷。

有一年，他与一些同是失学的少年朋友，跑到昆伯兰城里玩耍。当他们漫步在宽阔大街的人行道时，正好有一列士兵从大街上走过。他正看着，身旁的一位小男孩指着士兵们的服装说：“多么鲜艳的红外套！”道尔顿马上反驳说：“你怎么这样笨，连颜色都辨别不出，行进中的士兵们所穿的衣服明明草绿色的，怎么会是红色的呢？你们大家说！”孩子们忍俊不禁，终于笑出声来，笑得道尔顿很窘，但是，他还是感到莫名其妙。

又过了 10 多年，道尔顿 28 岁的时候，他为了庆贺母亲的生日，特意安排时间到百货公司去，想选购一件她老人家喜爱的东西，作为给她的生日贺礼。

道尔顿走进百货公司一看，货架上的商品琳琅满目，但都不合道尔顿的心意。看来看去，最后道尔顿走到袜子柜台，要营业人员挑几双袜子给他看看，经过一番比较，他看中了一双高级丝袜，便请营业人员包好，然后付了钱便径直回家。

一路上，道尔顿心想，袜子的质地十分柔软，穿上它一定很舒适的，织制得也非常精细，式样也还时兴，光泽也不错，特别是这种深蓝色，道尔顿更认为是最适合于老人穿着的了，既雅致又大方，愈想愈觉得合意。想着想着，不觉已走到自家门口了。

还没有来得及跨过门槛，便一路喊着："妈妈，看我给你买什么东西了！"母亲听到后很快来到客厅。

道尔顿

当道尔顿见到母亲后，便满脸喜悦地把新买来的袜子，恭恭敬敬地捧给她母亲说：

"妈妈，今天是你的生日，我特地到百货公司买了一双丝袜给你穿，你穿上保证满意！"

老母亲端详了一下这双考究的袜子，然后略带微笑地说："傻小子，你看看这双袜子的颜色这样鲜艳，我这么大年纪怎能穿得出去呢?"

道尔顿赶紧说："妈妈，深蓝色的袜子正适合你这样的年龄穿呀！"

"哈哈哈，哈哈哈……"老母亲仰着身体笑个不停，还以为这是道尔顿在故意开玩笑呢！

哥哥听到笑声后也向客厅走了过来。

疑惑不解的道尔顿看到哥哥走了过来，便拿起丝袜向哥哥问道："哥哥，妈妈穿上这一双深蓝色的袜子可合适?"

"不错，妈妈这般年龄穿上它最合适了。"哥哥毫不犹豫地投了

一票赞成票。

“哈哈，哈哈……”又是一阵大笑。这一来，真把道尔顿兄弟俩给愣住了。

“孩子，这双袜子明明是红色的，红得像樱桃，你们怎么说是深蓝色的呢?”妈妈仍然笑着说。

这时，道尔顿的姨妈正好上门来向他母亲祝寿，听他们兄弟俩人说袜子是蓝色的，也笑了起来。就这样，全屋子里的人分成两派：一派是道尔顿兄弟认为袜子是深蓝色，一派则认为是红色。

但是，道尔顿并没有因此而停止争论。反过来，他指了指自己的上身问道：“姨妈，你看看我身上穿的上衣是什么颜色?”

姨妈毫不含糊地回答：“绿色的呀!”

“奇怪，我的上衣明明是暗红色的，怎么会变成绿色的呢?”作为科学家的道尔顿，面对这种奇怪现象，一方面是惊疑不止，另一方面则刨根问底，弄清真相。

于是，他停下了手头所有的化学实验进行专门的研究。经过一段时间的努力，证实自己和哥哥因隔代遗传的影响，眼睛都患上一种先天性的疾病，对一些颜色辨认不清。道尔顿是一位善于思考的科学家，这件事他并没有到此就停止研究，他进一步想道：除了我和哥哥俩人以外，别人的眼睛有没有患上同样的毛病呢?

道尔顿通过对许多人视觉的全面调查研究发现，辨不清一些颜色的还有不少人，大致男人中每100人有5~6人，女人中每100人有1人。

1794年，道尔顿发表了他的这一研究成果，并把这种眼病叫做“色盲”。道尔顿的研究论文发表后，引起了社会上的广泛重视，英国人为了表彰道尔顿，还把色盲症称为“道尔顿症”。

患有色盲症的人不宜从事驾驶、出纳、画家等职业。如有色盲驾驶汽车，由于对颜色分辨能力低，会把路标、稻田等看错而发生交通事故；银行出纳有色盲，对纸币的真假不能区分，损失可大了；有色盲的画家，画出一幅颜色不协调的彩色图画又是多么可笑!

可有趣的是，患有色盲病的人，平时既不影响日常活动，也没有痛觉，所以有的人甚至一生都不知道自己患有这种疾病。

牛痘能预防天花

1796 年，英国医生琴纳发现用种牛痘的方法能够预防天花。从此以后，天花的发病率极大地降低，天花狂魔逐步被制伏，最终成为人类有史以来消灭的第一个传染病。

天花是由天花病毒引起的一种烈性传染病，正常人一旦接触患者，几乎无不遭受感染。即使侥幸不死，也免不了在脸上长满麻点，“天花”由此得名。

天花病毒抵抗力较强，能对抗干燥和低温，在痂皮、尘土和被服上，可生存数月至一年半之久。天花主要通过飞沫吸入或直接接触而传染，当人感染了天花病毒以后，大约有 10 天左右潜伏期，潜伏期过后，病人发病很急，多以头痛、背痛、发冷或寒战、高热等症状开始，体温可高达 41℃以上，伴有恶心、呕吐、便秘、失眠等，小儿常有呕吐和惊厥。发病 3~5 天后，病人的额部、面颊、腕、臂、躯干和下肢出现皮疹。开始为红色斑疹，后变为丘疹，2~3 天后丘疹变为疱疹，以后疱疹转为脓疱疹。脓疱疹形成后 2~3 天，逐渐干缩结成厚痂，大约 1 个月后痂皮开始脱落，遗留下疤痕，俗称“麻斑”。重型天花病人常伴有并发症，如败血症、骨髓炎、脑炎、脑膜炎、肺炎、支气管炎、中耳炎、喉炎、失明、流产等，这是天花致人死亡的主要原因。

在人类历史上，多次记录过天花大规模流行的悲惨情景。公元 846 年，在入侵法国的诺曼人中间，突然暴发了天花，天花病的流行使诺曼人的首领只好下令，将所有的病人和看护病人的人统统杀掉。1555 年，墨西哥天花大流行，全国 1 500 万人口中，死了 200 万人。16~18 世纪，欧洲每年死于天花病的人数为 50 万，亚洲达 80

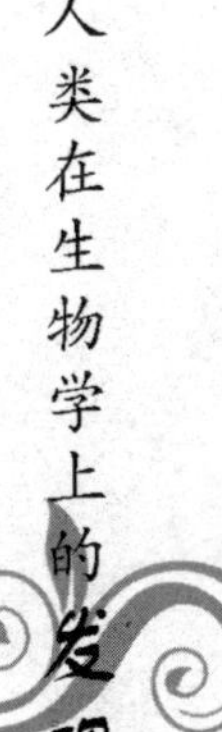

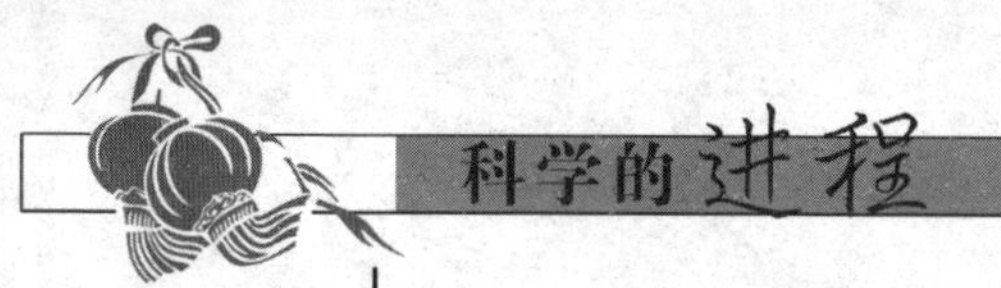

万人。有人估计，整个18世纪有1.5亿人死于天花。

在18世纪中后期以前，防治天花是当时医学上的一个重要课题，那时天花是人类疾病中最可怕的一种。天花患者的死亡率达10%，而幸存者也大都变成了麻子，许多人一谈到天花就害怕，甚至认为，与其变成麻脸，倒不如死去。天花并不择人而染，美国总统乔治·华盛顿在1751年患上天花，虽没有因此而丧生，却从此变成了麻子。1774年，法国国王路易十五死于天花。

英国的乡村医生琴纳开设医院后不久，就对防治天花发生了兴趣，他听到过家乡格洛斯特广泛流传的一种说法，即牛痘既可以传染给牛，也可以传染给人。那里的人们认为，牛痘和天花是不能同时并存的。

天花病毒结构示意图

琴纳细想，自古以来挤奶姑娘和牧牛姑娘都很漂亮，她们没有麻脸。那么，牛瘟和天花又有什么关系呢？果真牛痘能预防天花吗？

琴纳决心要解答这一连串的问题，他以顽强的精神对牛痘研究了20多年。当时中国的种痘术已传到了欧洲，他仔细地阅读了有关种痘术的报告，留下了深刻的印象。

琴纳开始仔细地对家畜进行观察，他观察了马的“水疵病”和牛的“牛痘”，最后得出结论：水疵病也好，牛痘也好，都是天花的一种。为什么得过一次天花而没有死去的病人，永远不会再得第二次天花了？原来是只要患过一次天花不死，就能在身体内部获得了永久对抗天花的防护力量。天花不仅危害人类，同样也袭击牛群，几乎所有的奶牛都出过天花。挤奶姑娘和牧牛姑娘在和牛打交道的过程中，因感染上牛痘

而具有抵抗天花的免疫力了。牛瘟的秘密终于揭开了。琴纳决定给人们进行牛痘的人工接种来预防天花。

1796年琴纳47岁的生日那天，琴纳的候诊室里一清早就聚集了许多好奇的人，决定性的时刻来到了。琴纳抱着对自己理论的充分自信，亲自承担着巨大的风险和责任进行人体实验。他从挤牛奶姑娘尼姆斯手上取出牛痘疮疹中的浆液，接种到一个8岁小男孩菲普斯的身上。两个月后，他再一次给这个少儿接种，不过这次不是牛痘，而是真正的天花浆液。结果那个少儿没有感染上天花，他确实获得了免疫力。

为了慎重起见，琴纳还想再重复一次这个实验。为了找到一个明显的牛痘患者，他不得不等待了两年。两年的等待使他无比焦虑，但是，他并没有因此而发表只实验过一次的研究成果，而是一直耐心地等待着。

琴纳给幼儿种痘雕塑

1796—1798年，琴纳进行了两次接种牛痘预防天花的实验，均获得了成功。琴纳这才发表了自己的报告，宣布天花是可以征服的。

琴纳将接种牛痘预防天花的研究成果写成论文，送到英国皇家学会时，曾遭到了拒绝。一年以后，琴纳自己筹集经费刊印发表了这些论文，引起了广泛的争论。

在无数次实践的面前，一切怀疑、反对都被无情的事实所粉碎。天花可以用种牛痘的方法来预防，终于得到公认，种痘这种方法在欧洲迅速地被传开了。

英国皇室的人也接受种痘。为了鼓励种痘，1803年成立了皇家琴纳协会，由琴纳任会长。天花所引起的死亡在18个月内就下降

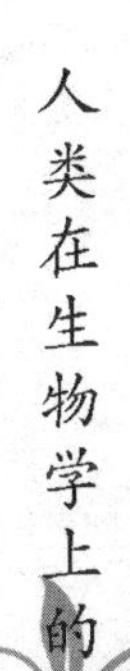

了 2/3。

1979 年 10 月 26 日，是值得人类共同庆祝的盛大节日。因为在这一天，世界卫生组织宣布：人类历史上最后一名天花病人，来自“非洲之角”索马里的牧民——阿里·毛·马林，在 1977 年被治愈了。从此，地球上，再也没有发现天花病了。这也是到目前为止，在世界范围内被人类消灭的第一个传染病。

物种是变化的

从 1749 年开始，法国生物学家布丰陆续发表了《自然史》共 44 卷，提出物种是变化的观点，并注意到器官退化等现象。

布丰是现代进化论的先驱者之一，发表了不少的进化论点。在他的百科全书式的巨著《自然史》中描绘了宇宙、太阳系、地球的演化。他认为地球是由炽热的气体凝聚而成的，地球的诞生比《圣经》创世纪所说的公元前 4004 年要早得多，地球的年龄起码有 10 万年以上；而在他未发表的著作中，他估计地球的年龄是 50 万年。

布丰认为生物是在地球的历史发展过程中形成的，并随着环境的变化而变异。他甚至大胆地提出，人应当把自己列为动物的一属，他在他的著作中写道：“如果只注意面孔的话，猿是人类最低级的形式，因为除了灵魂外，它具有人类所有的一切器官。”“如果《圣经》没有明白宣示的话，我们可能要去为人和猿找一个共同的祖先。”

布 丰

他研究过许多植物和动物，也观察了一些化石，注意到不同历史时期的生物有所不同。他接受了牛

顿关于作用于地球上的力学规律也适用于其他星球的论点；认为大自然应包括生物在内；自然界是一个整体，各部分相互联系、相互制约。

他认为物种是可变的。生物变异的原因在于环境的变化；环境变了，生物会发生相应的变异，而且这些变异会遗传给后代（获得性遗传）。他相信构造简单的生物是自然发生的，并认为精子和卵巢里的相应部分是组成生物体的基本成分，他不赞成“先成论”而支持“渐成论”。

引导他形成进化观点的主要是两类事实：一是化石，古代生物和现代生物有明显区别；二是退化的器官，例如，猪的侧趾虽已失去了功能，但内部的骨骼仍是完整的。因此，他认为有些物种是退化出来的。他的进化观点遭到教会的强烈指责，迫使他不得不宣布放弃与教义不一致的论点。

一氧化二氮麻醉作用的发现

18 世纪时西方还没有麻醉剂，外科手术总是和痛苦分不开，一氧化二氮作为第一种麻醉剂，为人们带来了福音。那么是谁最先发现了它的这一功能呢？一氧化二氮的麻醉作用是英国化学家戴维发现的。

戴维生于 1778 年，他从小聪明好学，凡事都爱问一个为什么，尤其喜欢探险。他听老人说，海中小岛上有许多黑洞，那洞里黑咕隆咚的，还有许多毒蛇、小虫，十分可怕。可小戴维什么也不怕，有一天他拉着一位同学硬是到洞里去探索了一番，虽然一无所获，但他毕竟知道了洞里并不像老人所说的那样可怕，只是一些废弃的锡矿罢了。

小戴维渐渐长大，上中学了。所有的课程中他最喜欢化学，因为化学是一门非常有趣的学科，除了读课文，还可以动手做实验，探索物质世界的奥秘，像小时候探索黑洞一样。

1795年戴维17岁了，由于家境不好，他不能继续上学，只好到博莱斯先生开的一家药房去当学徒。开始他心里别提有多难过了，可后来他发现博莱斯家里有许多藏书，其中有医学书，还有他喜欢的化学书。白天他忙完了店里的活，一到晚上就钻到书堆里看起书来，一本本的化学书被他一页页翻过，随着时间的推移，他积累了丰富的化学知识。在博莱斯家除了书以外，还有一个很像样的实验室，戴维可以在实验室里做各种各样的实验，把学到的化学理论付诸实践。久而久之，他成了远近闻名的小化学家。

有一天，店里来了一位绅士模样的人，说是要见博莱斯，仆人立即喊来了主人，博莱斯以为他要来买药，忙问："先生，你要买什么？"来者自我介绍说："我叫贝多斯，从克里夫顿来，不为买药，而是要找戴维，也就是那位小化学家。"博莱斯明白他的来意后，立即叫戴维出来见面。"先生，您找我有什么事？"戴维问。"我想成立一个气体研究所，专门研究气体对人体的作用，也就是说要研究哪些气体对人体有害，哪些气体对人体有用，所以我要找一位既有扎实的化学基础知识，又能动手做各种化学实验的助手。据人介绍，你很适合这个工作。"戴维听了十分高兴，立即同意去贝多斯那儿工作。

1799年戴维正式到气体研究所上班了，首先研究的气体是一氧化二氮。当时对于这种气体有人说对人体有害，有人认为没害，究竟如何，只有通过试验研究才能得出结论。

要研究一氧化二氮这种气体，首先要制得它。对戴维来说这是轻而易举的事情。他先取来了烧瓶、试管、药品等一切实验用品，花了几天时间，得到了许多瓶一氧化二氮气体，这些瓶子就放在靠门边的地板上。

几天之后，贝多斯一大早就来到戴维的实验室，想看看试验进展如何。一推门，戴维就迎上去说："贝多斯先生，我已制好了许多一氧化二氮气体，你瞧！"说着，用手指了指地上的玻璃瓶。贝多斯见了十分高兴，说："小化学家，真是名不虚传。"说着说着，往后一退，一只脚不小心碰倒了一只大铁架子，这一下可糟了，只听咣当一声，一只只玻璃瓶被砸得粉碎，弄得地上到处是玻璃碎片。戴维傻了眼，几天的心血全白费了，他呆呆地站着，不知所措。贝多斯马上蹲下来捡玻璃碎片，口中不停地说着："对不起，实在对不起！"捡着捡着，疼得厉害，一看原来手上都渗出血来了。戴维呢，赶忙也帮着捡玻璃碎片，同时关心地问贝多斯："手还疼吗？要不要包扎？"说着说着，只见贝多斯突然大笑起来，"哈哈哈……我手一点也不疼，哈哈哈……玻璃瓶被碰碎了，哈哈哈……"戴维想，贝多斯一向以严肃闻名，今天怎么啦？莫非中了邪？还没等他想完，戴维发现自己也控制不住，跟着哈哈地大笑起来。其他实验室的人听到他俩的笑声，不知发生了什么事，纷纷围了过来，他俩这才慢慢地停止了笑声。

戴 维

事后有人问戴维："是什么原因引起你俩大笑？"戴维想了想说："恐怕是一氧化二氮气体捣的鬼吧！"贝多斯也说："我总算领教了这种气体的滋味了，不过伤口一点也不疼，会不会也是这种气体做的好事呢？"由于这是一次偶然事故，他们还不能就这种气体对人体的作用下定论。为了继续试验，戴维又制备了好多瓶这种气体放着备用。

一天，戴维牙疼得厉害，根本无法吃东西，他只好跑到牙科医生那里去看病，医生一检查，说："这牙保不住了，还是拔掉吧！"戴维想，拔就拔吧！于是医生拿来了手术用具，动手拔牙。那时还没有麻醉药品，牙拔掉了，戴维疼得直跺脚，情急中，忽然想起那天砸破玻璃瓶后贝多斯手擦破了，居然说不疼的事来，他想不妨再

试一试这种气体的功能。于是他打开一只装满一氧化二氮气体瓶子的盖子，用力吸了几口，渐渐地牙疼减轻了，随即又哈哈哈地大笑起来，这笑声中也包含了一个发现者的喜悦。

戴维终于证实一氧化二氮气体具有麻醉作用，同时能引起人大笑，所以他又称这种气体为“笑气”。

由于戴维的这一发现，后来给外科医生帮了大忙，动手术时用一氧化二氮气体作为麻醉剂，大大减轻了病人开刀时的痛苦，但缺点是用药后病人要狂笑。随着医学科学的发展，后来又发现了好多种比笑气更好的麻醉药，笑气才渐渐地被取代了。

生物进化学说

1809 年，法国博物学家、生物学伟大的奠基人之一拉马克发表了《动物学哲学》，提出了关于生物进化的学说，与当时占统治地位的生物不变论进行了激烈的斗争。

1744 年 8 月 1 日，拉马克生于法国皮卡第，本名约翰摩纳。1768 年拉马克与他的良师法国著名思想家卢梭相识，后者对拉马克的成才起了巨大的作用。卢梭经常带他到自己的研究室里去参观，并向他介绍许多科学研究的经验和方法，使拉马克由一个兴趣广泛的青年最后专注于生物学的研究。

从此拉马克花了整整 26 年的时间，系统地研究了植物学，在任皇家植物园标本保护人期间，于 1778 年写出了名著《法国植物志》。后来他又研究动物学，1793 年受聘为巴黎博物馆无脊椎动物学教授，于 1801 年完成《无脊椎动物的系统》一书，成为无脊椎动物学的创始人，在书中他把无脊椎动物分为 10 个纲，1809 年出版了《动物学哲学》，当时他虽已 65 岁，但仍潜心研究并写作，于 1817 年完成了《无脊椎动物自然史》。在这些著作中，拉马克首次提出“生物学”一词。

拉马克

拉马克在《动物学哲学》中系统地阐述了他的进化学说（被后人称为“拉马克学说”），提出了两个法则：一个是用进废退；一个是获得性遗传。并认为这两者既是变异产生的原因，又是适应形成的过程。他提出物种是可以变化的，种的稳定性只有相对意义。生物进化的原因是环境条件对生物机体的直接影响。认为生物在新环境的直接影响下，某些经常使用的器官发达增大，不经常使用的器官逐渐退化。认为物种经过这样不断地加强和完善适应性状，便能逐渐变成新的物种，而且这些获得的后天性状可以传给后代，使生物逐渐演变，并认为适应是生物进化的主要过程。

他第一次从生物与环境的相互关系方面探讨了生物进化的动力，为达尔文进化理论的产生提供了一定的理论基础。但是，由于当时生产水平和科学水平的限制，拉马克在说明进化原因时，把环境对于生物体的直接作用以及获得性状遗传的过程过于简单化了，成为缺乏科学依据的一种推论，并错误地认为生物天生具有向上发展的趋向，以及动物的意志和欲望也在进化中发生作用。

由于拉马克一生勤奋好学，坚持真理，与当时占统治地位的物种不变论者进行了激烈的斗争，反对居维叶的激变论，受到了他们的打击和迫害。但他却说：“科学工作能给予我们以真实的益处；同时，还能给我们许多最温暖、最纯洁的乐趣，以补偿生命中种种不能避免的苦恼。”

他的一生，是在贫穷与冷漠中度过的。晚年双目失明，病痛折磨着他，但他仍顽强地工作，借助幼女柯尼利娅的笔录，坚持写作，把毕生精力贡献于生物科学的研究上，终于成为一位生物科学

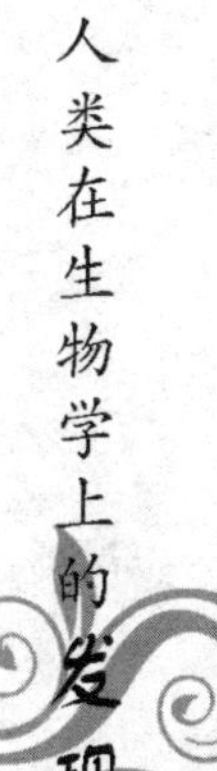

的巨匠，伟大的科学进化论的创始者。

1909 年，在纪念他的名著《动物学哲学》出版 100 周年之际，巴黎植物园为他建立了纪念碑，让人们永远缅怀这位伟大的进化论的倡导者和先驱。

“贝尔法则”

1828 年，德裔俄国生物学家、人类学家和比较胚胎学的创始人冯·贝尔发表了《动物的发育》一书，创立著名的“贝尔法则”，提出了胚层学说。

贝尔 1792 年生于爱沙尼亚的皮普，1814 年在多尔帕特大学医学院获医学博士学位。后赴德国柏林、维尔茨堡等地深造。1817—1834 年在柯尼斯堡大学曾先后担任过解剖学副教授、动物学教授、医学院院长和校长等职务。1826 年被选为俄国彼得堡科学院通讯院士。1834 年到彼得堡科学院工作。1846 年当选为俄国彼得堡科学院（比较解剖学和生理学）院士。

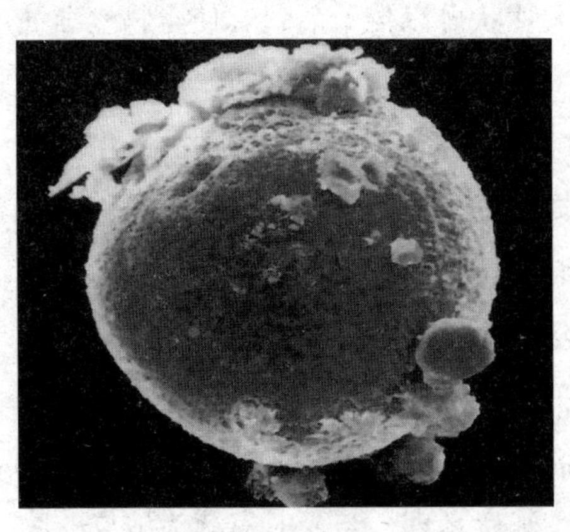
放大的哺乳动物的卵

贝尔对胚胎学的贡献，大多是 1817—1834 年在柯尼斯堡期间完成的。他对脊椎动物的胚胎发育有深入的研究。他最早发现了脊索，提出神经褶是中枢神经系统的原基，并阐明了胚膜（羊膜、绒毛膜、尿囊膜）的发育和功能，而最大的贡献则是在 1827 年发现了哺乳动物的卵。

贝尔的著作主要有《论哺乳动物和人卵的起源》（1827 年）和《动物的发育》（1828 年）等。

贝尔在生物学上的贡献主要表现在以下几个方面：

（1）在反复解剖的基础上，发现哺乳动物的卵是在卵巢内的格拉夫氏滤泡中形成的，经输卵管进入子宫腔。

（2）通过观察鸡胚以及两栖类、爬行类和哺乳类动物的发育过程，指出胚胎发育必须经过胚层，胚层是形成身体各器官的基础。

（3）在比较了几种脊椎动物的胚胎发育后指出，各种脊椎动物的早期胚胎非常相似。在胚胎发育过程中先出现一般性状，后出现特殊性状，首先是“门”的特征，以后依次出现“纲”、“目”、“科”、“属”的特征，最后才出现“种”的特征。这就是有名的“贝尔法则”。

（4）贝尔晚年从事人类学研究，提出了头骨分类法。他的研究为物种的变异和进化提供了证据。他主张人种统一起源，反对黑人与白人异源的谬论。所有这些都产生了重要的社会影响。

细胞核的发现

在 1802 年弗朗兹·鲍尔对细胞核进行了最早的描述。到了 1831 年，苏格兰的植物学家罗伯特·布朗在兰科植物和其他几种植物的叶片表皮细胞中发现了细胞核，并在伦敦林奈学会的演讲中，对细胞核做了更为详细的叙述。布朗以显微镜观察兰花时，发现花朵外层细胞有一些不透光的区域，并称其为“areola”或“nucleus”。不过他并未提出这些构造可能具有的功用。

施莱登在 1838 年提出一项观点，认为细胞核能够生成细胞，并称这些细胞核为“细胞形成核”。他也表示自己发现了形成于“细胞形成核”周围的新细胞。

不过弗朗兹·迈恩对此观点强烈反对，他认为细胞是经由分裂而增殖，并认为许多细胞并没有细胞核。由细胞形成核作用重新生成细胞的观念，与罗伯特·雷马克及鲁道夫·菲尔绍的观点相冲

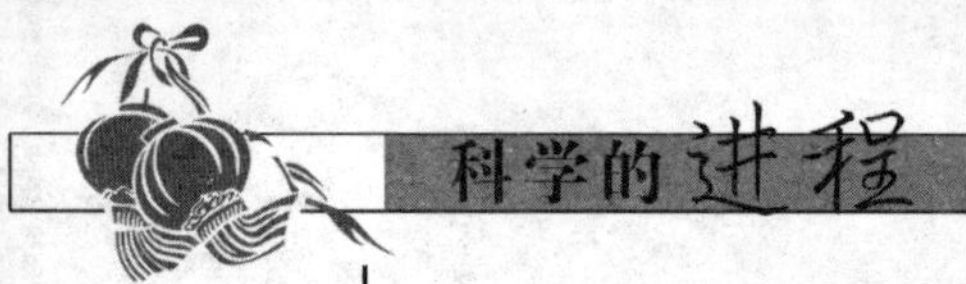

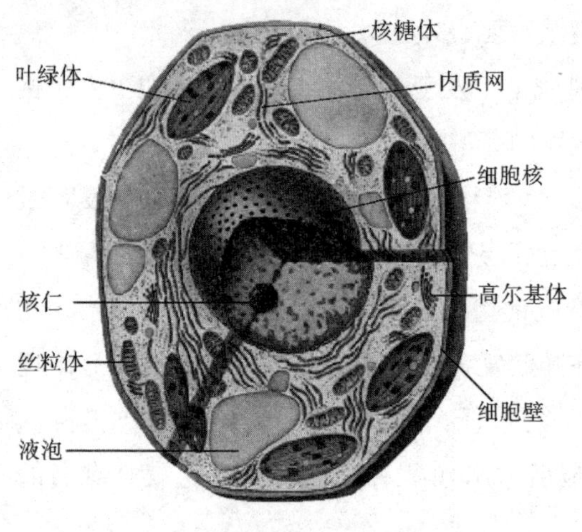

植物细胞核示意图

突，他们认为细胞是单独由细胞所生成。至此，细胞核的机能仍未明了。

在 1876 年到 1878 年间，奥斯卡·赫脱维奇的数份有关海胆卵细胞受精作用的研究显示，精子的细胞会进到卵子的内部，并与卵子细胞核融合，首度阐释了生物个体由单一有核细胞发育而成的可能性。这与恩斯特·海克尔的理论不同，海克尔认为物种会在胚胎发育时期重演其种系的发生历程，其中包括从原始且缺乏结构的黏液状“无核裂卵”，一直到有核细胞产生之间的过程。因此精细胞核在受精作用中的必要性受到了漫长的争论。赫脱维奇后来又在其他动物的细胞，包括两栖类与软体动物中确认了他的观察结果。而爱德华·施特拉斯布格也从植物中得到了相同的结论。这些研究结果显示了细胞核在遗传上的重要性。

1873 年，奥古斯特·魏斯曼提出了一项观点，认为母系与父系生殖细胞在遗传上具有相等的影响力。

到了 20 世纪初，有丝分裂得到了证明，而孟德尔定律也已问世，这时候细胞核在携带遗传信息上的重要性已逐渐明朗。

特殊能量学说

1833 年，德国人约·缪勒发表《人体生理学》，系统地总结与叙述了当时人体生理学的成就，并对神经和感官的功能提出了“特

殊能量学说”。

19世纪中叶德国生理学家缪勒提出了阐释感觉神经的性质和作用的一种理论。缪勒认为，各种感觉神经的质互不相同，每种感觉神经都具有特殊的能量，只能产生一种感觉，而不能产生另外的感觉。例如，光刺激作用于眼睛产生视觉，声波刺激作用于耳朵产生听觉等。但是，用电流刺激眼睛，用物体按压眼球也能产生光亮的感觉。同样情形，用电流和机械刺激作用于耳朵也会产生声音的感觉。缪勒根据不同刺激作用于同一感觉神经产生相同的感觉，以及同一刺激作用于不同的感觉神经产生不同的感觉这一事实得出结论，感觉的性质不决定于外界物体的性质，而决定于感觉神经的特殊能量，即感觉仅仅是感觉神经特殊能量释放的结果，或者说，我们所直接感知的不是外物，而是我们的感觉神经自身的状态，这就否定了感觉是客观世界的映象。

神经特殊能量学说强调了感觉神经本身的性质在加工外界信息中的作用，而否认了客观世界对感觉的决定性影响。事实上，感觉神经的特异化，是动物和人在物种进化过程中长期适应环境的结果。客观世界存在着各种不同的刺激，如声波、光线、气温变化等，与这些刺激相适应才逐渐形成了不同的感觉器官。每种感觉器官对与它相适应的刺激具有很高的感受性，这并不排除它对其他刺激也有一定的感受性。另外，现代科学还证明，在动物进化过程中，中枢神经系统的特异化，特别是大脑皮层神经细胞的特异化比感觉神经的特异化对加工外界信息有更重要的意义。因此缪勒根据生理学上的事实而得出神经特殊能量学说的结论是不科学的。

尽管缪勒的学说在理论上和事实上都有错误，但它对19世纪感官生理学和心理学的发展仍有积极的作用，它推动了人们深入研究各种感觉器官的结构和功能。赫尔姆霍茨的三色学说和听觉共鸣学说，黑林的四色学说，布利克斯和弗赖的肤觉学说等，都受到缪勒学说的影响，这个学说还间接地影响到对大脑皮层分区的研究。

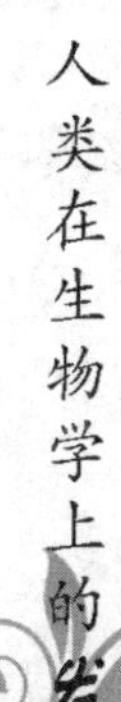

酶的发现

酶的发现及其作用机理的揭示经历了一个漫长的过程，是众多科学家共同努力探索的结果。

在生命现象中，蛋白质作为生物体的基本建筑材料，参与了许多复杂的化学反应，而生命体中的许多化学反应是靠酶这种特殊的催化剂加以完成的。

1783 年意大利科学家斯巴兰让尼设计了一个巧妙的实验，说明胃具有化学性消化的作用。

1836 年德国科学家施旺从胃液中提取出了消化蛋白质的物质(即胃蛋白酶)。

1897 年，德国化学家爱达华 · 巴克纳在碾碎的酵母细胞提取液中发现了一种叫做酿酶的物质。

巴克纳正确地指出，酿酶具有“酵素”的特性，并证明在无细胞的情况下它仍具有促进糖发酵的能力。巴克纳相信酶是蛋白质，而且细胞中的每一步化学反应都是由专一的酶调节的。

巴克纳的学说唤起大批研究者试图去阐明所有生命过程中细胞内酶活动所具有的直接功能，这股研究的热浪席卷了生物学界。

1926 年美国科学家萨姆纳从刀豆种子中提取出脲酶的结晶，并经实验证实脲酶是一种蛋白质；20 世纪 30 年代，科学家们相继提取出多种酶的蛋白质结晶，并指出酶是一类具有生物催化作用的蛋白质；20 世纪 80 年代美国科学家切赫和奥特曼发现少数 RNA 也具有生物催化作用。

酶在希腊语里，就是存在于酵母中的意思。也就是说，各样各样在酵母中进行着生命活动的物质被发现，然后被这样命名。此时，“酵母”始终是活着的生命体微生物、“酶”是活着的物质制造出生命活动的不可思议的物质。

但是酶不等于酵母，酵母是单细胞微生物，内含有许多酶，酵母具备细胞组织，而酶则是蛋白质，通常一个酵母菌里有数千种蛋白质，所以说酵母含有酶，但酶不等于酵母。

酶是具有催化特定化学反应的蛋白质、RNA 或其复合体。酶是生物催化剂，能通过降低反应的活化能而加快反应速度，但不改变反应的平衡点。绝大多数酶的化学本质是蛋白质，具有催化效率高、专一性强、作用条件温和等特点。

一般来说，动物体内的酶最适温度在35℃～40℃之间；植物体内的酶最适温度在40℃～50℃之间；细菌和真菌体内的酶最适温度差别较大，有的酶最适温度可高达70℃。动物体内的酶最适 pH 值大多在6.5～8.0 之间，但也有例外，如胃蛋白酶的最适 pH 值为1.5，植物体内的酶最适 pH 值大多在4.5～6.5 之间。

酶的这些性质使细胞内错综复杂的物质代谢过程能有条不紊地进行，使物质代谢与正常的生理机能互相适应。若因遗传缺陷造成某种酶缺损，或其他原因造成酶的活性减弱，均可导致该酶催化的反应异常，使物质代谢紊乱，甚至发生疾病，因此酶与医学的关系十分密切。

细胞学说

1838—1839 年，德国两位科学家施莱登、施旺提出：一切植物、动物都是由细胞组成的，细胞是一切动植物的基本结构单位。这就是著名的“细胞学说”。

如果把生命比作一座“高楼大厦”的话，那么，细胞就是砌成“大厦”的“砖”。形形色色的生物界，不论生物体在形态、大小、生活方式等方面的差异有多大，它们却有着共同的结构基础，就是细胞。细胞不仅是生物体结构的基本单位，也是生命活动的基本单位。有人把生命活动中的细胞与化学反应中的原子相比拟，原子是

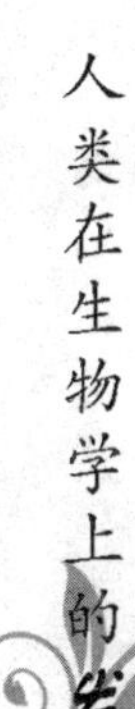

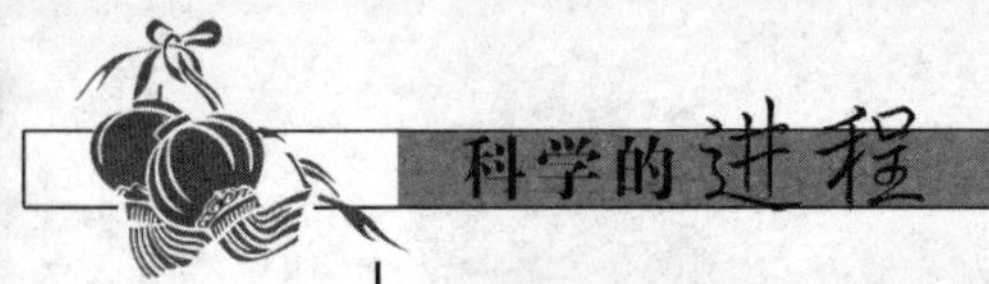

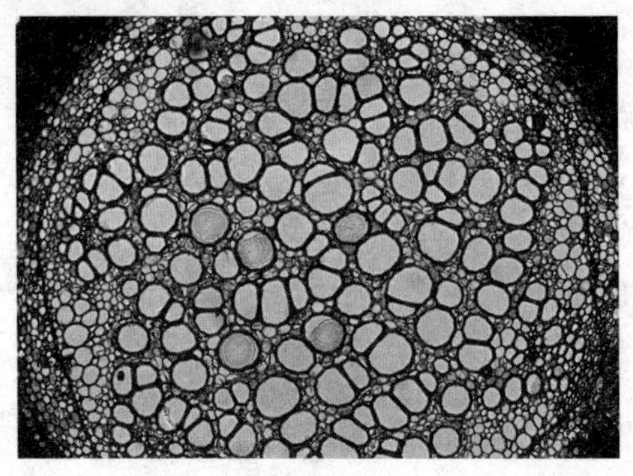
显微镜下的细胞

参与化学反应的基本单位，而构成生物体的物质大分子（如核酸、蛋白质等）不能单独生活，只有当这些分子按一定方式组织起来才能表现出生命现象。因此，细胞也是生命活动的基本单位。对于高等多细胞生物来说，在生物个体发育中，细胞又是发育的基础，因为多细胞生物是由受精的卵细胞逐步分裂、生长起来的。在生物体与不良外界环境作斗争（包括与疾病作斗争）的过程中，细胞仍然是十分重要的基本单位。

在 17 世纪初，人们虽然对细胞的基本轮廓有了些粗浅的了解，但由于当时所使用的显微镜比较简单，分辨率差，限制了人们对细胞的深入认识。在胡克发现细胞后的 200 年中，人们对细胞的认识基本上没有什么突破性的进展。

植物细胞外面有一层厚的细胞壁，而动物细胞的边界很不明显，两者在形态上差别很大，很难看出有什么共同性。尽管如此，细胞是生物体的基本结构单位的观点已逐步明确。早在 1808—1809 年，穆贝尔就指出“植物是由有膜的细胞组织构成的”。1824 年，杜罗切特更明确地提出：“一切组织，一切动植物器官，实质上只是由形态不同的细胞所构成的。”虽然在相当长的时期内，对有机体的细胞构造没有做出完整的理论概括，但是，这一切研究为细胞学说的建立提供了必要而丰富的实验资料和思

施莱登

想基础。

在总结前人工作的基础上，1838 年德国的植物学家施莱登根据他的研究，发表了《植物发生论》，指出细胞是构成植物的基本单位。

1839 年，另一位德国动物学家施旺发表了他的《关于动植物的结构和生长的一致性的显微研究》论文，指出所有的动物体也是由细胞所组成的。

这两份研究报告提出的论证，使细胞及其功能有了一个较为明确的定义，宣告了著名的“细胞学说”的建立。它是最早的生物科学概念，对生物学的发展具有重要的指导意义。恩格斯把它与能量守恒定律和达尔文的进化论列为 19 世纪自然科学的三大发现。

施　旺

施莱登和施旺虽提出了细胞学说，但对细胞的来源问题却存在着不正确的认识。他们认为细胞的繁殖是由新细胞在老细胞的核中产生，通过细胞崩解而完成的。这种看法到 1840 年被一系列学者的研究所修正，使人们认识到细胞的繁殖是通过某种形式的“分裂”而完成的。尤其是德国医生和病理学家微尔荷于 1858 年指出：“细胞只能来自细胞”，进一步指明了细胞作为一个相对独立的生命活动基本单位的性质。这通常被认为是对细胞学说的一个重要补充。因此，有些人认为细胞学说应该是在 1858 年才最后完成的。

所以，现代完整的细胞学说的内容包括：细胞是多细胞生物的最小结构单位，对单细胞生物来说，一个细胞就是一个个体；多细胞生物的每一个细胞为一个代谢活动单位，执行特定的功能；细胞只能通过细胞分裂而来。

其中第三点显然是微尔荷的贡献。人们通常把细胞学说、达尔

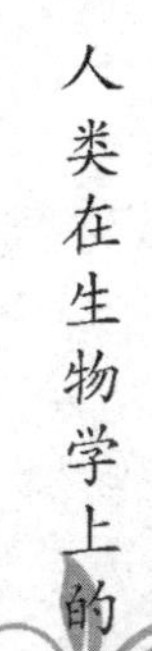

文的进化论、孟德尔的遗传学称为现代生物学的三大基石。而实际上，可以说细胞学说又是后两者的“基石”。

细胞学说的建立把生物学家的注意力引向了细胞，有力地推动了对细胞的研究。这一学说的创立，对当时生物学的发展起了巨大的促进和指导作用，明确了整个生物界在结构上的统一性，推进了人类对整个自然界的认识，有力促进了自然科学和哲学的进步。

乙醚的麻醉作用

现在，人们评价一位外科医生的医术，是以其手术质量为主要标准的，而在19世纪以前，却是以手术的速度来衡量一位外科医生的水平。

那时候，西方的麻醉术还没有发明，病人都是在难以忍受的极度痛苦中接受手术的。如今在英国伦敦医院里，还陈列着一座巨大的吊钟，当年这座大钟曾悬挂在医院的大厅里，当开刀的病人因疼痛拼死挣扎时，就敲响大钟，紧急召集医院值班人员赶往手术室，紧紧按住痛苦挣扎的病人，以使手术继续进行。每一次手术，不仅病人十分恐惧，就连外科医生也觉得难以忍受。因此，如何消除病人在开刀时的疼痛，成为外科学发展道路上必须要解决的一个大问题。

西方麻醉药的发现，最早可追溯到1799年英国化学家戴维发现的一氧化二氮。这种气体虽有麻醉作用，但效力较小。

有一天，美国医生莫尔顿去拜访化学家杰克逊，正听到他在讲述昨晚的“奇遇”。昨天黄昏，杰克逊和他的朋友们玩纸牌，正当兴头上时天却暗下来了。杰克逊一面打牌，一面给灯添加酒精，匆忙中把一瓶同样是无色透明的液体——乙醚当做酒精加进了灯肚。灯点燃后，整个房间弥漫着一股异样的清香。不一会儿，杰克逊和他的牌友们竟都昏昏入睡了，醒来时，已近半夜时分。

这个有趣的故事让“有心人”莫尔顿听得出神，他的心头闪现

出新的希望。于是，他匆匆地赶回实验室，用挥发性很强的乙醚做麻醉试验。

莫尔顿牵来一条狗，让它吸入乙醚蒸汽。几分钟后，这条狗果然昏然入睡，失去了知觉和对疼痛的反应。莫尔顿又接连做了多次动物试验，充分证实了乙醚的麻醉作用。

1846 年 10 月 16 日，莫尔顿公开表演乙醚麻醉术，由波士顿的著名外科医生华伦主刀，进行一例下颚血管瘤切除手术。

这一天，进行手术的大厅和走廊上挤满了热心的观众。预定的手术时刻到了，可是负责麻醉的莫尔顿却没有露面。华伦医生焦急地踱来踱去，四周的观众也开始窃窃私语。10 分钟过去了，华伦医生已等得不耐烦。他料想，莫尔顿一定是害怕重蹈威尔斯去年失败的覆辙而临阵退缩了。于是拿起了手术刀，对四周的观众说："莫尔顿到现在还没来，大概是另有约会了。"顿时，人群中响起了一片笑声。

就在这时，莫尔顿手捧麻醉器具推门而入。原来莫尔顿为了保证手术成功，对乙醚麻醉器具进行了充分调试，因而耽误了时间。莫尔顿的出现，使喧闹的手术大厅立刻鸦雀无声。华伦医生退后一步，指着手术台上紧张得浑身发抖的病人对莫尔顿说："先生，您的病人准备好了！"

手术开始了，神色镇定的莫尔顿心里也捏着一把汗。这次手术是对乙醚麻醉的重大考验。因为血管瘤的病灶比较大，手术时必定会引起病人难以忍受的疼痛。但是，在乙醚的麻醉下，病人呼吸沉稳，安然入睡，手术十分顺利地结束了。之后，病人慢慢地苏醒过来。

当病人用手摸着下颚手术切口层层包着的纱布，怀疑自己是否在做梦时，华伦医生在一旁亲切地说："手术可以不痛，这再也不是做梦了！"

接着，他抬头向观众大声宣告："先生们，这是真的，没有一点欺骗！"观众席上一片欢呼，人们为这近乎神奇的麻醉效果赞叹不已。

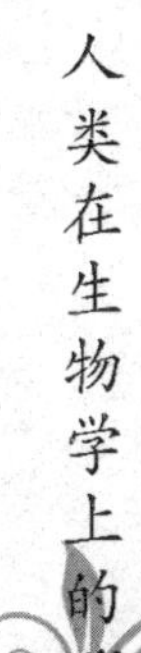

麻醉术的发明，为外科手术开辟了新纪元。乙醚，这种可以使手术无痛的药物，立刻被推广到全世界。在它的启发下，英国产科医生辛普逊在1847年冬天又发现了一种比乙醚麻醉作用更强的药物——氯仿，化学名称叫三氯甲烷。接着，各种局部麻醉药及各种麻醉的新方法相继被发现，从此，外科学进入了一个飞速发展的新时期。

产褥热病因的发现

1840年一个细雨蒙蒙的早晨，一辆满载着旅客的马车摇摇晃晃地驶离匈牙利的布达佩斯，车厢里一位唇蓄短须的青年透过灰暗的车窗默默地告别了故乡。

这位目光坚毅的青年，名叫塞麦尔维斯，22岁的他要到维也纳去学医。

“功夫不负有心人”，经过几年刻苦攻读，塞麦尔维斯终于以优异的成绩从医学院毕业，到维也纳第一医院当了一名产科医生。他十分热爱自己的工作，每当听到新生婴儿清脆的啼哭，看到疲乏的母亲露出微笑时，都从心里感到无比的欣慰。

但是，当时的产妇在生下孩子后，往往会染上一种致命的病症——产褥热。许多产妇发高烧、打寒战，下腹部疼痛难忍，挣扎呼号，最后悲惨地离开了人世。

产褥热的魔影笼罩着欧洲各地，每十个产妇至少有两三个要死于这种可怕的病症。在塞麦尔维斯工作的医院里，情况也同样糟糕。他负责的病房里的206位产妇，因产褥热就死了36人。一个深秋的雨夜，又一名产妇死在他的身旁。面对号啕痛哭的丈夫，他焦急地搓着手，喃喃地对年轻的助手说：“这是我们产科医生的责任啊！”

“是啊，但我们已尽了最大努力，还是没办法，看来这是命运

的安排。”青年实习医生接口说。

“不！这不是命运，我们一定会有办法的。”塞麦尔维斯坚定地回答。

从此，塞麦尔维斯仔细地作了一系列调查研究。他发现，供医学院学生学习的这所产科医院里，每当医学院放假时，产妇的死亡率就会降低。更令人迷惑的是，有的产妇临产匆忙，在来医院途中自己就分娩了，进院后不再需要医生接生和检查，这些产妇往往反而不会得产褥热。这是什么原因呢？

时隔不久，又一起不幸事件震惊了塞麦尔维斯。他的一位好朋友，在对产褥热的尸体解剖中，不小心割破了自己的手指，结果发生了与产褥热类似的病情，也悲惨地死去了。

塞麦尔维斯为朋友的不幸而悲痛，也为朋友的死亡原因而苦苦思索。经过反复的研究分析，塞麦尔维斯认为，这位不小心割破手指的医生一定是受到产褥热病人身上某种“毒物”的传染而发病的。另外，那时医学院的学生都要实习尸体解剖，学生们在做过病理解剖后双手未经过充分洗刷和消毒，就去为产妇检查、接生，结果使“毒物”侵入产妇的伤口，造成产妇染病死亡。最后，他终于得出了结论：医院里发生的产褥热，主要是通过医生们受过污染的双手和器械把“毒物”带给了产妇。要知道，当时人们还没有认识细菌，塞麦尔维斯的设想和推断是多么了不起啊！

为了检验自己的设想是否正确，塞麦尔维斯决心做一次试验。他要求医生在接生前必须用新发现的消毒药物——漂白粉仔细洗手，以预防这种致命的“毒物”。年轻的产妇丽莎，是第一位接受这种新方法的人，结果并不太令人满意，她仍然发了

塞麦尔维斯纪念币

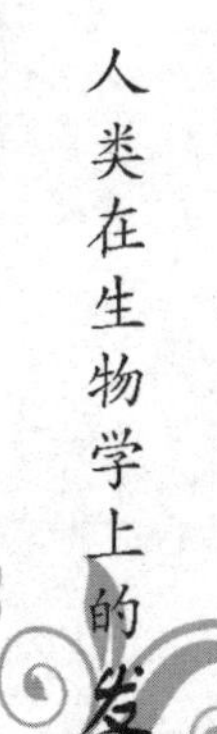

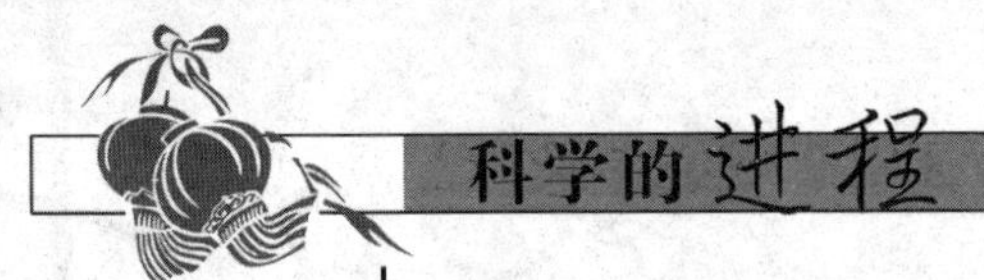

烧，但病情比较轻。

问题出在哪里呢？善于观察思考的塞麦尔维斯很快发现光用漂白粉洗手还远远不够，还必须把产妇和产科用的医疗器械、绷带等都用漂白粉严格消毒。他还相应地提高了漂白粉水的浓度，从原来的0.1%提高到0.5%。这样一来，果然出现了奇迹，医院产褥热的病死率从12%下降至1%。这是多么令人振奋的发现啊，产妇们纷纷赞扬塞麦尔维斯医生是救命恩人。

1850年，在维也纳医师公会的演讲会上，塞麦尔维斯报告了产褥热发生的原因和预防的方法。当他宣布“是医生们受过污染的双手和器械把灾难带给了产妇”这一结论时，会场里立即混乱起来。那些专家权威们，气得胡子发抖，暴跳如雷地嚷道：“天哪！要是事实果真如此，那不是说过去产妇的死亡，都是我们肮脏的手造成的吗？我们不都是罪人吗。真是岂有此理！”

塞麦尔维斯理直气壮地反驳：“过去错了并不可怕，可怕的是不承认科学和现实。”

但是，权威们人多势众，他们使用了种种威逼手段，迫使这位来自异乡的青年医生离开了医院。塞麦尔维斯怀着愤怒与喜悦的复杂心情，回到了他阔别十年的祖国。

当他接手负责布达佩斯罗切斯产科医院病房时，面临着严重的局面是，可怕的产褥热已夺去了一个产妇的生命，另一个病危，还有四个已受到感染。

塞麦尔维斯立即行动，实行了严格的产科消毒法，结果很快扭转了危局，产褥热发病率下降到0.6%，罗切斯产院的声誉与日俱增。与此相反，他离去后的维也纳产院，消毒制度被废除后，产褥热发病率又直线上升。

感染疾病的罪魁祸首——致病细菌还没被人们了解时，塞麦尔维斯的功绩并没得到应有的重视，他的创造性工作没有得到普遍推广。直到1865年他去世的那年，巴斯德发现了蚕病细菌，人们才认识到塞麦尔维斯的消毒措施具有多么重要的医疗价值！

如今，人们把塞麦尔维斯尊敬地称为“母亲们的救星”，在维也纳的广场上也建起了他的纪念雕像，母亲们怀抱孩子来到这里缅怀为他们缔造幸福的先驱者。

巴斯德的一系列伟大发现

像牛顿开辟了经典力学一样，法国生物学家巴斯德开辟了微生物领域，创立了一整套独特的微生物学的基本研究方法，奠定了工业微生物学和医学微生物学的基础，并开创了微生物生理学，被后人誉为“微生物学之父”。

巴斯德 1822 年生于法国多勒，1847 年从巴黎师范学院毕业后开始研究化学，他的突出贡献是发现了旋光现象。他研究化学的时间不长，后来主要集中精力研究微生物学。他的研究成果不仅促进了微生物学的发展，而且带动了农业、医药、发酵等学科的发展。

1850 年前后，微生物的自然发生说已不能被大多数科学家所接受，并逐渐被各种实验结果所否定，最著名的实验就是巴斯德的曲颈瓶实验。巴斯德制成了一个细长而弯曲的玻璃瓶，在瓶中盛有一些有机物。这些有机物的水浸液被加热灭菌后和空气相接触，空气虽能自由进入玻璃瓶，但空气中所含有的微生物却不能随瓶管上升而进入瓶内，所以瓶中没有微生物生长。一旦瓶颈被打断，瓶中则有微生物生长。

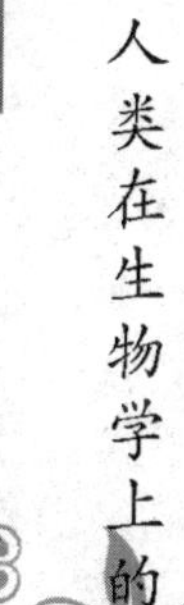

他的实验结果最终否定了微生物的自然发生说，并且建立了病原学说，对微生物的研究起了巨大的推动作用，这是巴斯德对生物学的第一个伟大贡献。

巴斯德在微生物学上的第二个伟大贡献是创立了免疫学——预防接种。

鸡霍乱是一种传播迅速的瘟疫，家庭饲养的鸡一旦染上鸡霍乱就会成批死亡。为了弄清鸡霍乱的病因，巴斯德从培养纯粹的鸡霍

乱细菌作为突破口，他试用了多种培养液，他断定鸡肠是鸡霍乱病菌最适合的繁殖环境，传染的媒介则是鸡的粪便。他经过多次实验，但都失败了。后来，他用陈旧培养液给鸡接种，鸡却未受感染，好像这种霍乱菌对鸡失去了作用。这是怎么回事呢？巴斯德顺藤摸瓜，终于发现，因空气中氧气的作用，霍乱菌的毒性会日渐减弱。于是，他把几天的、1个月的、2个月和3个月的菌液，分别注入健康的鸡体，做了一组对比实验，鸡的死亡率分别是100%、80%、50%和10%。如果用更久的菌液注射，鸡虽然也得病，便却不会死亡。事情并未到此结束，他另用新鲜菌液给同一批鸡再次接种，使他惊奇的是，几乎所有接种过陈旧菌液的鸡都安然无恙，而未接种过陈旧菌液的鸡却死得精光。

实践证明，凡是注射过低毒性的菌液的鸡，它已具有抵抗力，再给它注入毒性足以致死的鸡霍乱菌，只是病势轻微，甚至毫无影响。

巴斯德

巴斯德从这一偶然的发现中，导致了他对减弱病免疫法原理的确认，使他产生了从事制造抗炭疽疫苗的设想。虽然在他之前英国医生琴纳发明了牛痘接种法，但有意识地培养、制成免疫疫苗，并广泛应用于预防多种疾病，巴斯德堪称第一人。

1881年，他又把炭疽杆菌在42℃~43℃的高温下进行培养，结果获得了毒力降低的菌苗，用它来预防羊的炭疽病获得了成功。

巴斯德对狂犬病疫苗的研究是他事业的光辉顶点。狂犬病虽不是一种常见病，但当时的死亡率为100%。1881年，巴斯德组织一个三人小组开始研制狂犬病疫苗。在寻找病原体的过程中，虽然经历了许多困难与失败，最后还是在患狂犬病的动物的脑和脊髓中发

现了一种毒性很强的病原体（现经电子显微镜观察是直径 25～800 纳米，形状像一颗子弹似的棒状病毒）。

巴斯德把分离得到的病毒连续接种到家兔的脑中使之传代，把经过 100 次兔脑传代的狂犬病毒给健康狗注射时，奇迹发生了，狗居然没有得病，这只狗具有了免疫力。

巴斯德把多次传代的狂犬病毒随兔脊髓一起取出，悬挂在干燥的、消过毒的小屋内，使之自然干燥 14 天减毒，然后把脊髓研成乳化剂，用生理盐水稀释，制成原始的巴斯德狂犬病疫苗。

1885 年 7 月 6 日，9 岁法国小孩梅斯特被狂犬咬伤 14 处，医生诊断后宣布他生存无望。然而，巴斯德每天给他注射一支狂犬病疫苗。两周后，小孩转危为安。巴斯德是世界上第一个从狂犬病中挽救生命的人。

巴斯德制造出的狂犬病（恐水病）疫苗，挽救了许多人的生命。之后世界各国都采用这种方法治疗狂犬病，并称之为巴斯德恐水病治疗法。

巴斯德在微生物研究上的第三个贡献是对发酵的研究。他认为发酵作用不是纯粹的化学反应过程，而是由于微生物生长活动所引起的一个生物性过程。巴斯德在研究发酵过程中，除证明酵母菌引起酒精发酵外，还发现了乳酸发酵、醋酸发酵和丁酸发酵，而且都是由不同细菌引起的。1857 年他证明了丁酸发酵能在没有氧的条件下进行，这样他发现了好氧和厌氧微生物的区别，并且证明了微生物发酵作用是无须有氧的。

巴斯德在微生物学上的贡献还不限于这些。他在解决葡萄酒和啤酒变质发酸这个难题时，弄清了酒味变酸的原因是不请自来的乳酸细菌作祟造成的。他继续试验，把葡萄汁在 60℃～65℃ 的温度下，加热 20～30 分钟，然后加入优良的酵母菌，发酵后可酿出优质的葡萄酒。巴斯德因而在实验中创造了巴斯德消毒法，目前巴斯德消毒法仍被大量使用。

巴斯德在解决法国南部家蚕病害问题中，深入实际去探索研

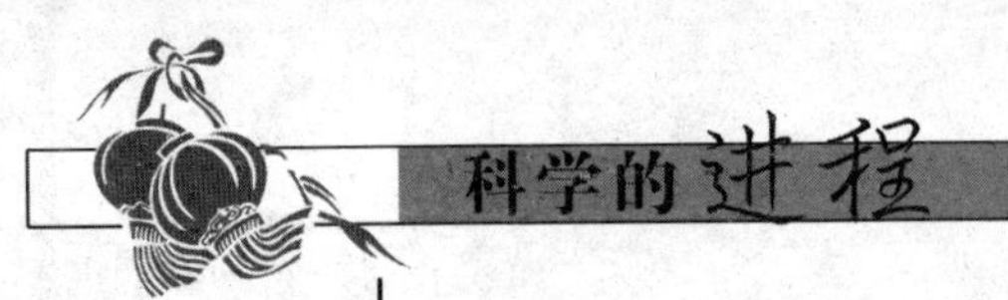

究，借助显微镜，发现在害病的蚕体中有许多棕色颗粒，并证明这些棕色颗粒是杀死蚕的凶手，于是通过检查和淘汰病蛾来阻止病害的发展，并逐渐消灭病害。

正是循着巴斯德开创的道路前进，人类在战胜狂犬病、鸡霍乱、炭疽病、蚕病等方面都取得了成果。英国医生利斯特据此解决了创口感染问题。从此，整个医学迈进了细菌学时代，得到了空前的发展，人们的寿命因而在一个世纪里延长了30年之久。

细胞病理学的创立及白血病的发现

1858年，德国病理学家鲁道夫·菲尔肖出版了划时代巨著《细胞病理学》，从而开创了细胞病理学。另外，他还首次发现了白血病以及肺动脉血栓栓塞的形成机制。

菲尔肖出身于一个中产阶级医生家庭，早年他依靠奖学金在柏林的普鲁士军事学院学习医学。1843年获柏林大学医学博士。1849年起他担任维尔茨堡大学病理学教授，他对德国医学教育的一个主要贡献是鼓励医学生使用显微镜，并因经常鼓励学生“以显微镜方式思维”而为人所知。

菲尔肖在施莱登、施旺的细胞学说影响下，系统论述了细胞病理学原理，强调“细胞皆源于细胞”，所有的疾病都是细胞的疾病，与当时占统治地位的体液病理学决裂，极大地推动了病理学的发展，对疾病的诊断治疗具有不可估量的影响。

1858年，菲尔肖的《细胞病理学》出版，成为医学的经典，从而开创了细胞病理学。自从细胞病理学说创建以来，人们得以在常规光学显微镜下，直接观察疾病的组织病变，显著提高了诊断的准确率。这一方法为世界各国所普遍采用，并为疾病的病理学诊断和病理学本身的发展，作出了举世公认的划时代的重大贡献。细胞病理学成为现代医学理解疾病病因、过程和结果的基础，引起了医

学的生物学基础的一次革命。

菲尔肖

菲尔肖以多项科学发现而闻名。1847 年他第一次发现白血病。白血病的病源是由于细胞内脱氧核糖核酸的变异导致骨髓中造血组织的不正常工作。骨髓中的干细胞每天可以制造成千上万个红血球和白血球。白血病病人过分生产不成熟的白血球，妨害了骨髓的其他工作，这使得骨髓生产其他血细胞的功能降低。

菲尔肖的另一个著名发现是他对于肺动脉血栓栓塞的形成机制的认识，并因此提出了“栓塞”这一术语。他发现肺动脉中的血凝块是由来自静脉的血栓发展而来，并描述道：“软化的血栓末端脱落下大小不一的小碎片，被血流带至远端的血管，这引起了常见的病理过程，我把这一过程命名为栓塞。”菲尔肖还提出了与这一研究密切相关的“血栓形成三要素”，即有名的菲尔肖三要素。

菲尔肖被尊为“细胞病理学之父”，其实证、科学的研究方式为现代医学认识疾病的发生、发展机制提供了有力的工具，对整个医学的发展作出了重大贡献。但是，其片面强调局部细胞病变而忽视了机体作为一个整体的反应（神经、内分泌、免疫），对医学的发展带来了某些不利影响。

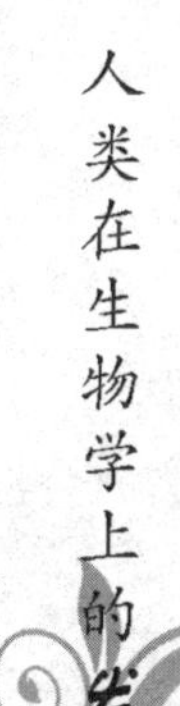

“自然选择”学说

1858 年，英国生物学家达尔文和华莱士分别提出“自然选择”学说，后人称他们的自然选择学说为达尔文-华莱士学说，这种学说认为物种进化是在自然选择的基础上实现的。

华莱士1823年1月8日生于英国，原是一个基督教徒，相信特创论和物种不变论。1844年，他在一所学校当教师，结识了英国昆虫学家贝第斯并受其影响，从此对采集蝴蝶和甲虫很感兴趣。1848—1852年，他和贝第斯一同在南美洲亚马逊河流域采集热带标本，此后19年他成了职业的博物采集者并靠出售标本为生。1854—1862年他独自在马来群岛采集标本。在广泛地接触了动物界和植物界以后，才认识到物种是可变的。

1855年，他在马来西亚沙捞越发表了《论控制新物种发生的规律》的短文。在文章里他说："每一物种的出现都与早已存在的密切相近的物种在时间上和空间上是一致的。"此时，他的观点中已表现出明确的进化论，但对进化机制尚一无所知。

1858年2月，他在南洋的马六甲岛患疟疾时，思考人类进化问题，想起所读过的马尔萨斯《人口论》，从而得到启发想到"最适者生存"的道理，他随即写了《论变种极大地偏离原始类型的倾向》的论文。提出以自然选择原理来说明物种的起源，并立即把文稿寄给正在研究这一问题的达尔文。

达尔文于1858年3月9日收到后，即按照华莱士的要求，把文稿转给地质学家莱尔，经过莱尔和植物学家胡克的安排，将达尔文和华莱士有关进化学说的论文共同于1858年7月1日晚上在伦敦的标本学会上宣读。

自然选择理论的主要内容是：生物的繁殖能力很强，能够产生大量的后代（过度繁殖），但是环境条件（如生存空间和食物）是有限的，因此，必然要有一部分个体被淘汰。这是通过生存斗争来实现的。在自然界中，生物个体既能保持亲本的遗传性状，又会出现变异。而变异则是不定向的，有些对生物的生存有利，有些对生物的生存是不利的。出现有利的变异的个体就容易在生存斗争中获胜，并将这些变异遗传下去；出现不利的变异的个体则容易被淘汰。达尔文把这种在生存斗争中，适者生存、不适者被淘汰的过程，叫做自然选择。经过长期的自然选择，微小的有利变异得到积

累而成为显著的有利变异，从而产生了适应特定环境的生物新类型。

可惜的是，当时这篇论文并没有引起重视，而达尔文于1859年出版的《物种起源》却引起了激烈的争论。

达尔文提出进化论

1859年，英国伟大的生物学家达尔文发表划时代的巨著《物种起源》，提出了进化论学说，引起旷日持久的激烈争论。该书“不仅第一次给了自然科学中的目的论以致命的打击，而且也根据经验阐明了它的合理的意义”，而且“可以用来当做历史上的阶级斗争的自然科学根据”。(马克思语)

达尔文1809年出生于英国西部施鲁斯伯里一个世代为医的家庭。16岁时，他被送到爱丁堡大学学习医学。但达尔文从小就爱打猎，采集矿物和植物标本。父亲认为他游手好闲，1829年，在盛怒之下，父亲送他到剑桥大学学习神学，希望他成为一个“尊贵的牧师”。1831年，达尔文从剑桥大学毕业。同年12月，英国政府组织了“贝格尔”号军舰环球考察，达尔文以“博物学家”身份自费搭船开始考察活动。这艘军舰穿越大西洋、太平洋，经过澳大利亚，越过印度洋，绕过好望角，于1836年10日回到英国。

在历时五年的环球考察中，达尔文积累了大量的资料。回国之后，他一面整理这些资料，一面又深入实践，同时，查阅大量书籍，为他的生物进化理论寻找根据。1842年，他第一次写出《物种起源》的简要提纲。1859年11月，达尔文经过20多年研究而写成的科学巨著《物种起源》终于出版了。

达尔文自己把《物种起源》称为“一部长篇争辩”，它主要论证了两个问题：第一，物种是可变的，生物是进化的；第二，自然选择是生物进化的动力。

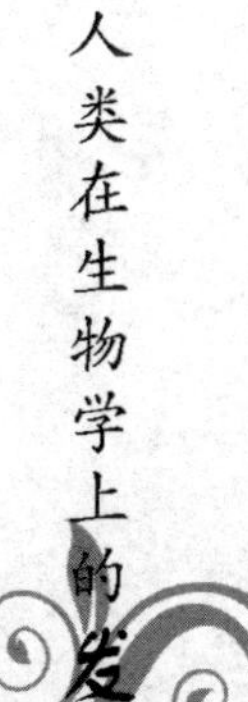

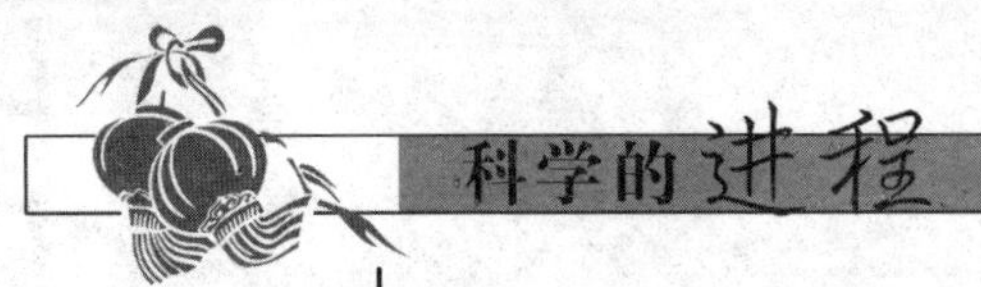

达尔文的进化理论，从生物与环境相互作用的观点出发，认为生物之间存在着生存斗争，适应者生存下来，不适者则被淘汰。生物正是通过遗传、变异和自然选择，从低级到高级，从简单到复杂，种类由少到多地进化着、发展着。这就是我们常听到的“物竞天择，适者生存”，之后基因学的诞生，为此提供了重要的证据。事实上，物竞天择，竞的是“基因”。

这部著作的问世，第一次把生物学建立在完全科学的基础上，以全新的生物进化思想，推翻了“神创论”和物种不变的理论。《物种起源》是达尔文进化论的代表作，标志着进化论的正式确立。

进化论是人类历史上第二次重大的科学突破，第一次是日心说取代地心说，否定了人类位于宇宙中心的自大情结。这一理论把人类放到了与普通生物同样的层面上，所有的地球生物，都与人类有了或远或近的血缘关系，彻底打破了人类自高自大，一神之下，众生之上的愚昧式自尊。

达尔文

《物种起源》的出版，在欧洲乃至整个世界都引起轰动。它沉重地打击了神权统治的根基，从反动教会到封建御用文人都狂怒了，他们群起而攻之，指责达尔文的学说“亵渎圣灵”，触犯“君权神授天理”，有失人类尊严。

与此相反，以赫胥黎、华莱士为代表的进步学者，积极宣传和捍卫达尔文的进化论。他们认为，进化论打开了人们的思想禁锢，把人们从宗教迷信的束缚下解放出来。紧接着，达尔文又开始他的第二部巨著《动物和植物在家养下的变异》的写作，以不可争辩的事实和严谨的科学论断，进一步阐述他的进化论观点，提出了物种的变异和遗传、生物的生存斗争和自然选择的重要论点，并很快出版了这部巨著。

1871 年，英国伟大的生物学家达尔文发表《人类原始及类择》一书，以大量材料进一步论证人来源于猿，并提出性选择在从猿到人过程中的作用。

达尔文认为，鹿的角、狮子的鬃毛、男性的胡须等的起源用普通的自然选择是难以说明的，这些性状显示了对异性的魅力，是在异性选择配偶过程中作为一种有效的性状发展起来的。达尔文称此为性选择。

性选择是自然选择的一种特殊形式。达尔文认为，同一性别的生物个体（主要是雄性）之间为争取同异性交配而发生竞争，得到交配的个体就能繁殖后代，使有利于竞争的性状逐渐巩固和发展。

雌雄不仅在生殖器官结构上有区别，而且常常在行为、大小和许多形态特征上存在差异。如孔雀的尾、雄翠鸟的鸣叫和雄鹿的叉角等许多次生性征，都是性选择的产物。

达尔文的性选择有助于说明为什么雌性个体常常要与尽可能多的雄性个体进行交配。性选择的性状（以雄性为例）包括两个方面：有关雄性特征的；有关雄性个体用来搏斗的。

达尔文的这一学说起初遭到很多人的反对，并列举出种种事例说明雄（或雌）体之间获得异性的竞争并不像达尔文所说的那么激烈。

不久，曾与达尔文一起提出自然选择学说的华莱士指出雌雄性状的强弱是活力丰富的一种表现，后来，雌雄性状和性激素之间的关系被阐明了，再加上对雌雄性状如何作为一种信号激起异性的性兴奋等动物心理学、行为学的深入研究，现在对个体中雌雄性状的发生机制及意义已经有了较多的了解。

晚年的达尔文，尽管体弱多病，但他仍然以惊人的毅力，顽强地坚持进行科学研究和写作，出版了《人类的由来》等多部著作。1882 年 4 月 19 日，这位伟大的科学家病逝，人们把他安葬在牛顿的墓旁，以表达对这位科学家的敬仰。

达尔文的进化论，由于有充分的科学事实作根据，所以能经受住时间的考验，百余年来在学术界产生了深远的影响。但达尔文的进化理论也存在着缺点，首先，他的自然选择原理是建立在当时流行的“融合遗传”假说之上的。按照融合遗传的概念，父、母亲体的遗传物质可以像血液那样发生融合，这样任何新产生的变异经过若干代的融合就会消失，变异又怎能积累、自然选择以至发挥作用呢？其次，达尔文过分强调了生物进化的渐变性，他深信“自然界无跳跃”，用“中间类型绝灭”和“化石记录不全”来解释古生物资料所显示的跳跃性进化。他的这种观点近年来正越来越多受到间断平衡论者和新灾变论者的猛烈批评。

贝尔纳的一系列重大发现

19 世纪中期，法国科学家贝尔纳发现了胰脏的内分泌机能，发现和证实了肝糖原的合成功能。他提出的内环境概念经亨德森和坎农的努力发展成为内稳态理论，而内稳态理论是现代实验生理学的基础。这些重大的成就使他成为实验生理学的真正奠基人。

贝尔纳 1813 年出生在农民家庭，1834 年进入巴黎医学院，不久成为当时著名科学家马根狄的助手。马根狄擅长于活体解剖，极力主张用物理、化学的方法阐释生命现象。贝尔纳在他手下受到了良好的训练，并且青出于蓝而胜于蓝。在他 40 年的科学生涯中，生理学方面的发现是无与伦比的。

贝尔纳的第一项重要研究是关于胰脏的消化机能。通过实验他第一次从胰脏中分离出三种酵素，分别促进三类有机物（糖、蛋白质、脂肪）的水解，便于肠壁吸收。因此他确定胰脏是最重要的消化腺，修正了之前以胃为主要消化器官的错误。

除了消化机能外，他还发现了胰脏的内分泌机能，对现代内分泌学的建立做了开创性的工作。关于胰脏的研究还为贝尔纳发现和

证实肝糖原的合成功能作了良好铺垫。当时流行的理论是动物所需的糖分从食物中吸收，通过肝、肺或其他一些组织而分解。为了证实这种理论，贝尔纳用狗做实验。他用碳水化合物和肉分别喂狗，几天之后把狗杀死，他意外地发现它们的静脉中都有大量的糖分。这种现象引起了他的深思。进一步实验终于使他发现了肝脏的糖原合成与转化功能。

他还发现当血液中血糖含量增高时，肝脏可以将血糖转化成糖原贮存起来；反之，肝脏可以把别的物质合成糖原并将糖原转化成血糖重新进入血液。肝脏可以调节血糖水平，使有机体处于相对稳定的状态。这使贝尔纳意识到有机体各部分都是相互协调的。肝脏糖原合成和转化功能的发现不仅使贝尔纳提出了“内环境”的概念，而且使人们认识到动植物在生理上的统一性。

贝尔纳

有机体自身具备周密而灵活的调节机制是贝尔纳生理学的核心观念。沿着这条思路他发现并阐明了血管舒缩神经的功能。血管舒缩神经可以使血管舒张或收缩从而改变血液的流量，而血流量和血液成分一样和机体的许多功能活动相关。

1857 年，也就是发现和证实肝脏的糖原生成和转化的那一年，贝尔纳提出了“内环境”概念。他集出色的实验技巧和卓越的科学思维能力于一身，逐步充实和发展了自己的思想。他认为动物的生活需要两个环境：肌体组织生活的内环境和整个有机体生活的外环境。细胞和组织只能生活在血液或淋巴构成的液体环境中（即组织液），不可能像整个有机体一样直接与外界环境接触。组织液不仅为组织提供营养，而且也是细胞或组织之间相互联系的主要通道。

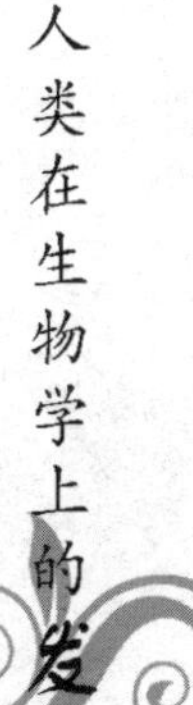

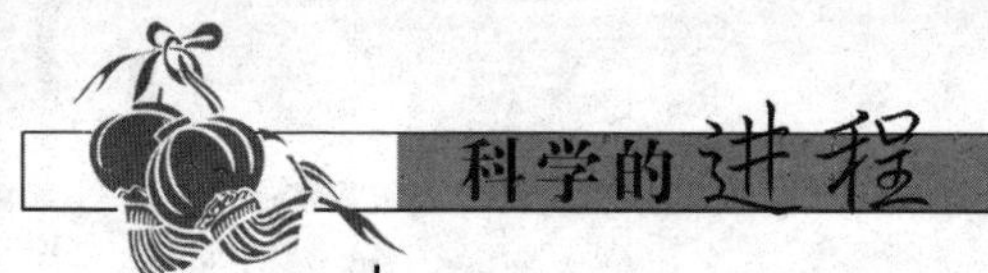

对高等生物来说，内环境的相对稳定是生命能独立和自由存在的首要条件。内环境的稳定意味着高等生物是一个完美的有机体，能够不断地调节或对抗引起内环境变化的各种因素。

关于内环境相对稳定及其调节机理，贝尔纳掌握了一些实验证据，但更多的是天才的推断和猜想。他的这一超时代的思想，其同时代人是很难理解的。一个世纪过去了，人们清楚地看到贝尔纳的思想代表了现代生理学发展的基本方向，并且在继续影响生理学的发展。人们才清楚地意识到1867年贝尔纳出版的14卷《医学实验生理学教程》把生理学从整体上提高到了一个新的水平。

贝尔纳被公认为生理学界最伟大的科学思想家。所谓科学思想家不是单纯的科学家，不仅仅埋头于一个个具体问题的研究，而且用自己特有的思想指导自己的实践。科学思想家也不是单纯地只凭推理得来整齐的体系或建立空中楼阁。贝尔纳之后，美国生理学家亨德森和坎农等继承和发展了他的思想，科学地揭示了内环境稳定的机理。

原生质是生命的物质基础

1861年，德国解剖学家舒尔兹发现原生质是生命的物质基础，创立了原生质学说。

早在1835年杜雅丁就把低等动物根足虫和多孔虫细胞内的黏稠物质称为肉样质。1839年，捷克生理学家浦肯野把填满细胞的胶状液体定名为原生质（生命的原始物质）。直到19世纪中叶以后，法国植物学家默尔用原生质概括细胞中的所有内含物（包括细胞质和细胞核）。

德国解剖学家舒尔兹在他的原生质理论中强调指出，原生质是“生命的物质基础”，并证明在所有的细胞里，不论是动物或植物，也不论它们的结构是多么复杂还是非常简单，它们的原生质基本上

都是相似的。

原生质可以分为：细胞膜、细胞质、细胞核。

细胞膜，又称质膜，是细胞中最重要的分隔细胞内和细胞外不同介质和组分的界面。质膜普遍被认为由脂双分子层作为基本单位重复而成，其上镶嵌有各种类型的膜蛋白以及与膜蛋白结合的糖和糖脂。质膜是细胞与周围环境和细胞与细胞间进行物质交换和信息传递的重要通道。质膜通过其上的孔隙和跨膜蛋白的某些性质，实现有选择性的、可调控的物质运输作用。

细胞质包括基质、细胞器和包含物，在生活状态下为透明的胶状物。基质指细胞质内呈液态的部分，是细胞质的基本成分，主要含有多种可溶性酶、糖、无机盐和水等。细胞器是分布于细胞质内、具有一定形态、在细胞生理活动中起重要作用的结构，它包括线粒体、内质网、高尔基器、溶酶体、微丝、微管、中心粒等。

细胞核，为真核细胞中最重要的细胞器，内含染色质（在细胞分裂期染色质浓缩形成染色体），储存细胞的遗传信息，控制细胞的代谢，指导蛋白质的合成，主导细胞的增殖和凋亡。

原生质是具有一定弹性和黏度的、半透明的、不均一的亲水胶体。胶体由分散相和连续相构成。原生质胶体的分散相是生物大分子，主要是蛋白质、核酸和多糖，形成直径约0.001~0.1微米的小颗粒，均匀地分散在以水为主而溶有简单的糖类、氨基酸、无机盐的溶液中。这些大分子颗粒保持悬浮状态，并进行布朗运动。高分散程度的大分子颗粒有巨大的表面，而且已经得到证明的是，许多化学反应都是在界面上发生的。

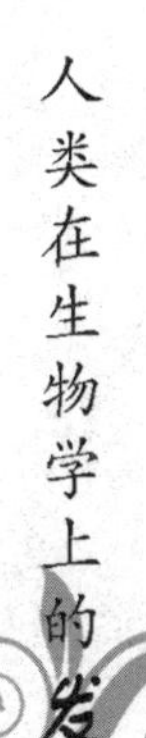

在通常情况下，原生质胶体的胶粒悬浮在液体的介质中，称为溶胶。但在一定条件下，如温度降低，水分减少时，布朗运动缓慢，胶粘水合层变薄，胶粒之间互相连接形成网状结构，而液体介质分散在胶粘网中，胶粒失去活动性，称为凝胶。

原生质必须不断地从环境中吸取水分、空气和营养物质，经过一系列复杂的生理生化作用，使之成为原生质自身的物质，这个过程称为同化作用。与此同时，原生质的某些物质不断地分解成为简单的物质并释放能量，供生命活动的需要，这个过程称为异化作用。

细胞的原生质是不断运动的。原生质的运动是生命活动的表现，有利于维持细胞正常代谢、物质转移和信息传递。在原生质的旋转运动细胞内，原生质以顺时针或逆时针方向沿着细胞壁围绕着中央大液泡流动，这被称为旋转运动。在原生质的循环运动细胞内，原生质以不同方向围绕着一些小液泡流动，这被称为循环运动。在循环运动过程中，原生质在细胞核四周以不同方向散射成细小的原生质丝，每条原生质丝的运动围绕一个或几个液泡来进行。

叶绿体中的淀粉粒是光合作用的产物

1862 年，德国的植物学家萨克斯发现叶绿体中的淀粉粒是光合作用的第一个可见产物，这一发现被发表在《植物实验生物学手册》上，在植物生理学的发展中产生了重要影响。

1862 年，萨克斯做过这样的实验：把绿叶放在暗处数小时，消耗叶片中部分营养物质，然后把叶片的一部分暴露在阳光下，另一部分被遮住光。经过一段时间后，用碘蒸汽处理叶片，结果被遮光部分的叶片无颜色变化，而被照光的一部分叶片显示深蓝色，这证明了绿叶的光合作用产生了淀粉。

1880 年，法国植物学家席姆佩尔明确证实淀粉既是光合作用的产物又是植物储存能量的来源，1881 年证实淀粉在植物细胞的特定部位形成，1883 年他把这些实体命名为叶绿体，同年还证明新的叶绿体是从已存的叶绿体的分裂中产生的。

席姆佩尔于 1878 年获得博士学位，1880—1881 年在巴尔的摩的约翰·霍普金斯医院任职，后回欧洲在波昂大学任职至 1898 年。

1898—1901 年任巴塞尔大学教授。他游历了巴西、爪哇、东非和加那利群岛，考察了那里的热带植物。他和其他植物学家的考察成果于 1898 年发表在《以生理学为基础的植物-地理学》一书中。该书从气候学和生理学方面对世界植被进行研究。第一部分讨论了影响植物生命的因素，第二部分提出了世界植被的分类法，第三部分对世界植被作了系统阐述。它还描述了植物向新地区传播的途径以及植物分布区域的稳定性。

说到光合作用，与之密切相关的囊状基粒是叶绿体中的物质，其形状如囊，叠加在一起，为圆柱形。每个叶绿体基粒呈圆柱形，基粒由 10~100 个由膜组成的囊状结构重叠而成，所以又叫囊状基粒，基粒与基粒之间有膜片层相连。叶绿体基粒由膜组成的囊状结构垛叠而成，在囊状结构的薄膜上分布有色素和酶。

在光合作用下于叶绿体中发现的淀粉是葡萄糖分子聚合而成的长链化合物，当它在细胞中以颗粒状态存在时被称为淀粉粒。所有薄壁细胞中都有淀粉粒存在，尤其在各类贮藏器官中更为集中，如种子的胚乳和子叶中，植物的块根、块茎和根状茎中都含有丰富的淀粉粒。

光合作用是能量及物质的转化过程。首先光能转化成电能，经电子传递产生 ATP 和 NADPH 形式的不稳定化学能，最终转化成稳定的化学能储存在糖类化合物中。光合作用分为光反应和暗反应，前者需要光，涉及水的光解和光合磷酸化，后者不需要光，涉及 CO_2 的固定。

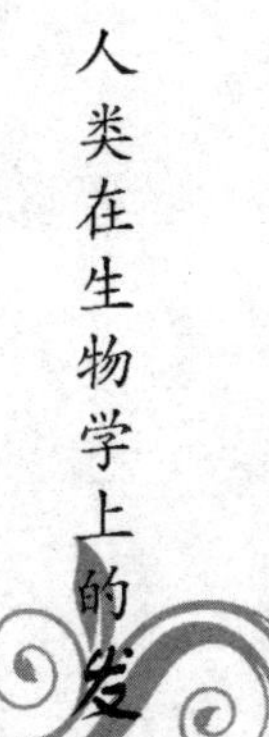

几乎可以说一切生命活动所需的能量都来源于太阳能（光能）。绿色植物是主要的能量转换者，是因为它们均含有叶绿体这一完成能量转换的细胞器，它能利用光能同化二氧化碳和水，合成贮藏能量的有机物，同时产生氧。所以绿色植物的光合作用是地球上有机体生存、繁殖和发展的根本源泉。

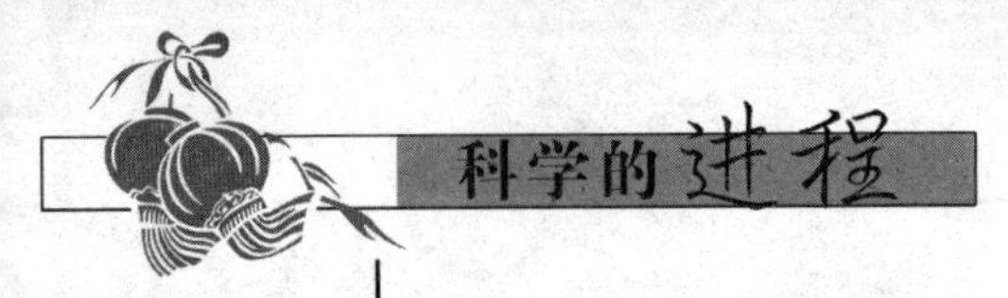

大脑皮层上的语言区

人的大脑负责语言的区域叫做“布罗卡区”，是法国的一个叫布罗卡的医生发现的。如果大脑的这片区域受损，或者有缺陷，人的语言功能就会受到影响。

一天，布罗卡医生接收了一个病人，这个病人的听觉和发音系统都没有问题，但就是不能说话。布罗卡医生很是困惑，因为从来没有见过这样的病人。一周的时间里，他对这个病人该检查的都检查了，该研究的也研究了，依然毫无进展。一周后，这个病人突然死了。

布罗卡医生得到了病人家属的允许，解剖了他的大脑。他发现，原来这个病人脑部的一个组织有缺陷，也就是说这个病人的大脑没有正常人的饱满，它在一个地方发育不良，或者说有个洞。因此布罗卡医生把大脑的这片区域以自己的名字命名，并且得出布罗卡区就是负责人类语言功能的区域的结论。

布罗卡区为语言的运动中枢，它是位于第三额叶回后部、靠近大脑外侧裂处的一个小区。其功能是产生协调的发音程序；提供语

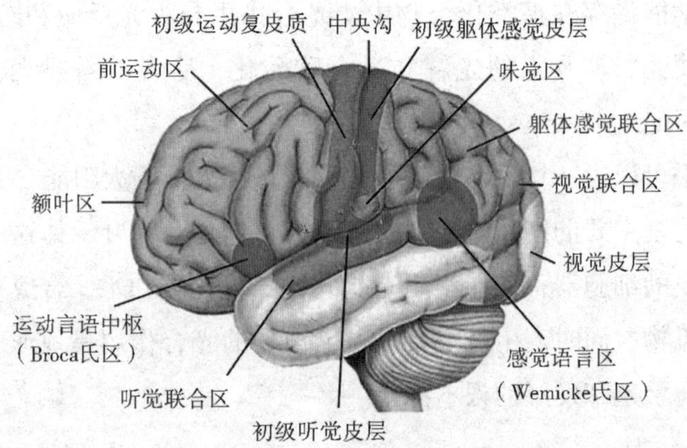

布罗卡区（运动言语中枢）

言的语法结构；产生言语的动机和愿望。

布罗卡区如果发生病变，那么就会引起下列问题：失语症，即常称运动性失语症或表达性失语症，病人在阅读、理解和书写时不受影响，他们知道自己想说什么但发音困难，说话缓慢费力；不能使用复杂的句法和词法；自发性主动语言障碍，即很少说话和回答，语言有模仿被动的性质；病人可以说很流利很符合语法的话，但就是这些话毫无逻辑，也没有任何意义，人们听不懂他在说什么。

大脑反射学说

1863年，俄国生物学家谢切诺夫出版《大脑的反射》，提出了大脑反射学说，开辟了俄国生理学的发展道路，为后来高级神经活动学说的建立奠定了基础。

1829年，谢切诺夫出生在俄国西姆比尔斯克省的库尔梅什县。1850年他考进莫斯科大学医学系，攻读医学专业。1856年毕业后到德国继续深造，并从事科学研究工作。当时，沙皇俄国的科学技术还比较落后，一些西方的学者、教授，常常以轻蔑和歧视的眼光看待俄国留学生。一位叫拉蒙的德国教授，有一次竟冲着他的俄国学生说："长头人种（指德国人）具有一切可能的天才，而短头人种（指俄国人）即使在最好的情况下，也只能有模仿别人的能力……"谢切诺夫听到这种公然蔑视他和他的祖国的谬言谬论非常气愤，立誓要学好本领，为国争光。

1866年谢切诺夫回到俄国，任莫斯科大学生理学副教授。这一时期，谢切诺夫的研究重点是神经系统的反射作用。他先用青蛙做试验，把青蛙的一只后腿放在盛有硫酸的杯子里，结果，这只腿一碰到硫酸就很快缩了回去。这使他联想到其他一系列反射作用现象：人手受到针刺，因为疼痛而很快缩回去；眼睛受到强光照射，

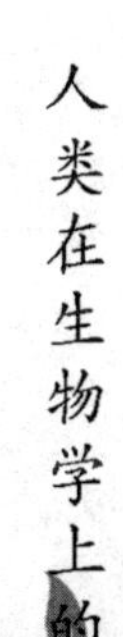

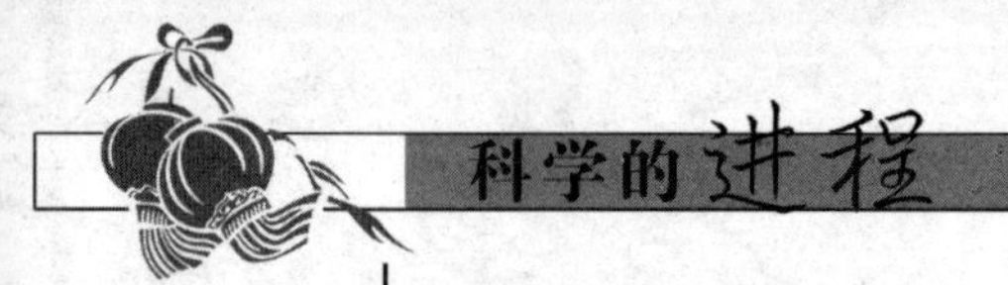

就会眨眼；敲击膝腱，小腿就会跳起来……为了搞清反射作用的生理机制，他决定用硫酸在自己身上亲自做一次试验。他叫助手拿来一杯硫酸溶液，自己把手指迅速插进溶液里。大家知道，硫酸溶液是一种强腐蚀剂，人体碰到它，会被烧伤。当谢切诺夫把手指插进硫酸溶液时，只见他咬紧牙关，屏住呼吸，以惊人的意志力，阻止把手缩回来。过了一阵，谢切诺夫感到疼痛的感觉减轻和渐渐消失了。这个勇敢的试验，向他提示了一个重要的生理学现象：通过大脑的控制，人对外界的强刺激（生理或心理的）有抑制能力。也就是说，当人的神经系统受到外界的强刺激后，可以不做出相应的反应（动作）。

1863 年，谢切诺夫发表了《大脑的反射》一书。这部划时代的心理生理学著作，第一次科学地解释了人的心理现象，指出人们生活中所有的有意识和无意识的活动都是大脑反射作用的结果。反射的中间环节具有思维、思想的本质。他指出，没有外来的最初刺激，反射是不可能发生的。

谢切诺夫的反射学说提出后，遭到沙皇政府的仇视，《大脑的反射》一书被列为禁书。法庭还控告谢切诺夫，说他把脑子当做器官来研究是不道德的。但是，真理是扼杀不了的，谢切诺夫以自己精确的实验，雄辩地证明了大脑和神经反射有着十分密切的关系，人的大脑是管理反射的最高司令部。

谢切诺夫的学说坚持了自然科学的唯物主义，揭示了心理活动的生理机制，解释了心理学的问题。他的研究方向后来成为巴甫洛夫创立高级神经活动学说的思想背景。

人是猿猴进化而来的

1863 年，英国著名博物学家，达尔文进化论最杰出的代表赫胥黎发表了《人类在自然界的位置》一书，明确论证了人是猿猴进化

而来的观点。

1859 年 11 月 3 日，达尔文的科学名著《物种起源》出版了。这本观点新奇、内容独特的著作一出版，立即在英国掀起轩然大波：有些人兴高采烈，拍手称赞；有些人恼羞成怒，暴跳如雷；更多的人则把它当成奇闻传说，到处宣扬。

当时，进化论思想还没有普及，进化论者的队伍也不够壮大，在这场大论战中支持达尔文的人为数不多。为了有力地反击教会反动势力的围攻，捍卫进化论思想的纯洁性，达尔文是多么希望志同道合的战友的支持啊！于是，他给伦敦矿物学院地质学教授赫胥黎郑重地寄去一本自己的新作，请他谈谈对这本书的看法和评价。

赫胥黎以极大的兴趣，一口气读完了这本书。他认为，尽管书中的某些结论，还有待继续研究与探讨，但通篇而论，这部论著有着极宝贵的价值，是一本划时代的杰作，它必将引起一场科学思想的深刻革命。赫胥黎最后告诉达尔文，他将全力以赴地投入这场捍卫科学思想的大论战中去。他在信中说：“为了自然选择的原理，我准备接受火刑，如果必要的话。”“我正在磨利我的牙爪，以备来保卫这一高贵的著作。”赫胥黎公开并郑重地宣布：“我是达尔文的斗犬。”

赫胥黎

1860 年 6 月 30 日，关于进化论大论战的第一个回合，在牛津大学面对面地展开了。这是英国科学促进协会召开的辩论会。以赫胥黎、胡克等达尔文学说的坚决支持者为一方，以大主教威伯福士率领的一批教会人士和保守学者为另一方，摆开了论战的阵势。面对威伯福士之流的恶毒攻击和挑衅责难，赫胥黎镇定自若。当威伯福士以胜利者的姿态，大摇大摆地走下讲台时，赫胥黎从容不迫地走上了讲台。

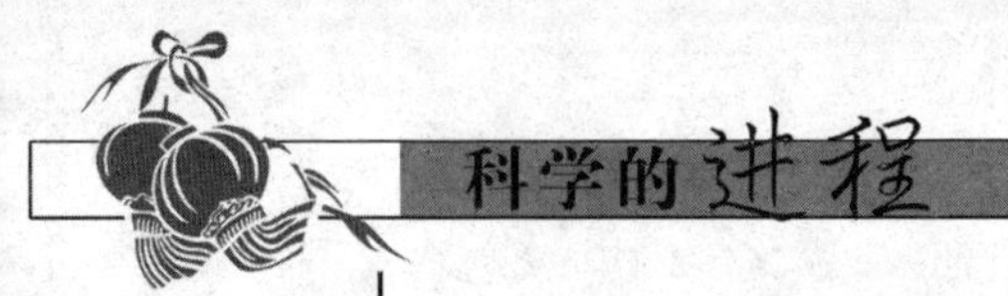

他首先用平静、坚定、通俗易懂的语言，简要地介绍了进化论的内容，然后辛辣尖锐地批驳了大主教的一派胡言，回敬了他的无耻挑衅。他以激动而响亮的声音说道：“我要重复地断言，一个人有人猿为他的祖先，这并不是可羞耻的事。可羞耻的倒是这样一种人，他惯于信口雌黄，并且不满足于他自己活动范围里的那些令人怀疑的成就，还要粗暴地干涉他根本不理解的科学问题。所以他只能避开辩论的焦点，用花言巧语和诡辩的辞令来转移听众的注意力，企图煽动一部分人的宗教偏见来压制别人，这才是真正的羞耻啊！”

赫胥黎以雄辩的事实，富有逻辑性的论证，同大主教那种内容空洞、语无伦次的谩骂，形成了鲜明的对比。听众们都为赫胥黎的精彩演讲热烈鼓掌。威伯福士脸色铁青，自知在这场辩论中败于赫胥黎，只得灰溜溜地退出了会场。

但是，战斗远没有结束。在为宣传进化论而进行的几十年的斗争中，赫胥黎一直站在斗争的最前线，充当捍卫真理的“斗犬”。人们高度评价赫胥黎坚持真理、捍卫和传播真理的崇高品格，并说：“如果说进化论是达尔文下的蛋，那么，孵化它的就是赫胥黎。”

正是在这种背景下，为了捍卫达尔文的进化论，1863 年赫胥黎发表了《人类在自然界的位置》一书，赫胥黎通过介绍类人猿的发现史，对人类、类人猿和大猩猩在解剖结构和行为习性等方面进行比较，提出胚胎学方面的证据，详细讨论了人类和次于人的动物的关系。赫胥黎的立场十分明确，他不仅拥护达尔文的进化理论，而且他毫不犹豫地从中推论，人类正是、也只能是进化的产物。

赫胥黎在书中强调，人类与黑猩猩等猿类的如此接近，表明人就是源于这样的动物祖先。但是，他更深信，文明人和兽类之间有着巨大的鸿沟，这就是说，不论人是否由兽类进化而来，但肯定不属于兽类。

特别有意思的是赫胥黎并不完全接受达尔文的理论，相对于捍卫自然选择学说，他对唯物主义科学精神更加推崇。

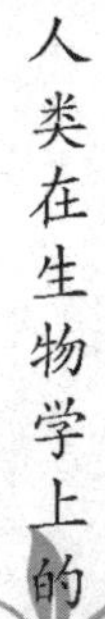

外科手术消毒法

1865年，英国外科医生利斯特发明了外科手术消毒法，使外科手术的死亡率大大降低。

1848年，21岁的利斯特到伦敦大学学习医学；1853年去爱丁堡大学做外科医生；1860年任格拉斯哥大学外科教授；1861年又去格拉斯哥皇家医院做外科医生，一直干了8年，也就是在这个时期他发明了外科防腐技术。

在格拉斯哥皇家医院，利斯特主持病房工作，他深为这里出现的术后高死亡率而感到惊恐不安。严重的感染如坏疽等是一种常见的术后并发症，利斯特尽力使病房保持清洁，但是这并不能足以避免高死亡率的发生。许多医生坚持认为医院周围的“瘴气”（有毒蒸汽）是引起这些感染的原因，但利斯特认为这不是什么“瘴气”，而是一种像花粉一样的微尘夺去了病人的生命。

1865年，利斯特读到了巴斯德的一篇论文，认识了疾病细菌学说，从而豁然开朗。如果感染是由细菌造成的，那么防止术后感染的最好办法是在细菌进入暴露的伤口之前就将其消灭。利斯特用苯酚做灭菌剂，建立了一套新的灭菌法。他不仅在每项手术前认真洗手，而且还确保要使用的器皿和敷料都做到彻底的卫生。实际上他在一个时期里甚至向手术室空中喷洒苯酚，结果术后死亡率有了明显的下降，当时男性急诊病房中的术后死亡率为45%，到1869年减少到15%。

利斯特第一篇杰出的灭菌学论文发表于1867年，但他的观点并未即刻被人们所接受。1874年，他向巴斯德写了一封热情洋溢的感谢信，信中写道：“请允许我借此机会向您表示衷心的感谢，您通过杰出的研究证明了腐烂因子的理论的正确性，给我提供了唯一的、使我能让防腐方法取得好结果的基础。”与此同时，利斯特的

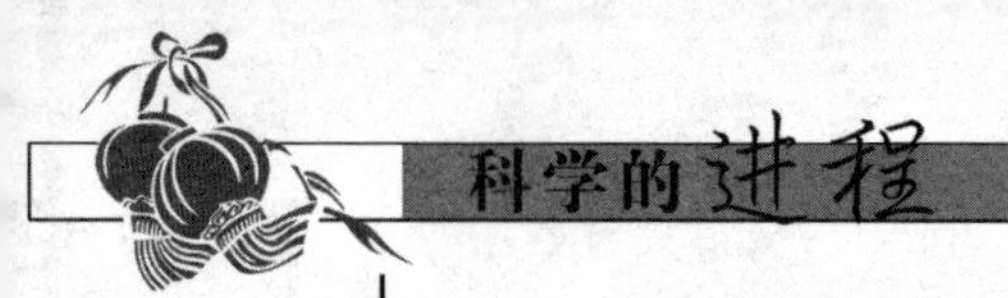

成功也给巴斯德的理论提供了有力的证据。

利斯特的消毒法在普法战争中被采用，但在英美则被怀疑和反对。1877年，利斯特担任伦敦国王学院外科教授，同年10月26日，他在国王学院医院用他的消毒法进行了骨科手术，获得成功，从此，利斯特消毒法才被广泛接受和使用。

外科消毒法与麻醉术一样，是外科医学的一次革命。以前，手术是一件令人恐怖的事情，手术时疼痛难忍，手术后能否度过“感染”这道鬼门关，全看病人的抵抗力和运气。这两次革命使外科手术更加安全，并易于被接受了。

利斯特的发明，拯救了千百万人的生命。在今天，不仅死于术后感染的患者极为少见，而且许多人的生命因此被挽救。虽然现今的无菌外科技术和利斯特的灭菌方法有所不同，但是二者的基本思想是相同的。

因为利斯特在外科消毒方面作出的开拓性贡献，他被世人誉为“外科消毒法之父”。

生物遗传的两个基本定律

1866年，遗传学创始人奥地利科学家孟德尔发表了《植物杂交试验》一文，发现生物遗传的两个基本定律——分离定律和自由组合定律，从而揭示了生物遗传的基本规律。

孟德尔于1822年出生在奥地利的一个叫海钦多夫的小村庄，家境清贫，父母都是农民。孟德尔自幼聪颖过人，在他年仅11岁时，老师说服了孟德尔的父母，让他到离家较远的一所中学读书。由于贫穷，他的父母只能提供一半的伙食费，孟德尔常常要忍受饥饿的折磨。然而，他坚持学习，直到1840年以优异成绩毕业。

为了生活，孟德尔曾经去做家庭教师。他渴望学习的精神，以及为此而忍饥挨饿的倔犟性格，也感动了他的妹妹。孟德尔用做家

庭教师挣来的钱和妹妹的嫁妆费在阿罗木次又继续读书。由于他竭尽全力刻苦学习，在1843年，孟德尔以最优成绩毕业。毕业后，他去修道院做了一名修道士。五年后被任命为神父。

当时的修道院院长纳普发现孟德尔具有超群的天赋和热心于研究自然科学的精神，于是他改变了当初想要孟德尔做传教士的想法，培养孟德尔走上研究自然科学的道路。后来在修道院院长纳普的资助下，孟德尔被送到维也纳大学继续深造。

孟德尔在维也纳大学学习期间，有两位科学家也给他以深远的影响。一位是植物生理学家翁格尔，另一位是世界著名的物理学家多普勒。孟德尔从翁格尔那里领会到了植物学中阐明遗传法则的重要性，从多普勒那里学习到了数学统计方法。

孟德尔

1856年，孟德尔从维也纳大学回到了修道院。他利用从维也纳带回来的豌豆种子，开始了他的豌豆杂交试验。

孟德尔开始进行豌豆实验时，达尔文的进化论刚刚问世。他仔细研读了达尔文的著作，从中学到丰富的知识。保存至今的孟德尔遗物之中，就有好几本达尔文的著作，上面还留着孟德尔的手批，足见他对达尔文及其著作的关注。

起初，孟德尔的豌豆实验并不是有意为探索遗传规律而进行的。他的初衷是希望获得优良品种，只是在试验的过程中，逐步把重点转向了探索遗传规律。除了豌豆以外，孟德尔还对其他植物作了大量的类似研究，其中包括玉米、紫罗兰和紫茉莉等，以期证明他发现的遗传规律对大多数植物都是适用的。

从生物的整体形式和行为中很难观察并发现遗传规律，而从个别性状中却容易观察，这也是科学界长期困惑的原因。孟德尔不仅考察生物的整体，更着眼于生物的个别性状，这是他与前辈生物学

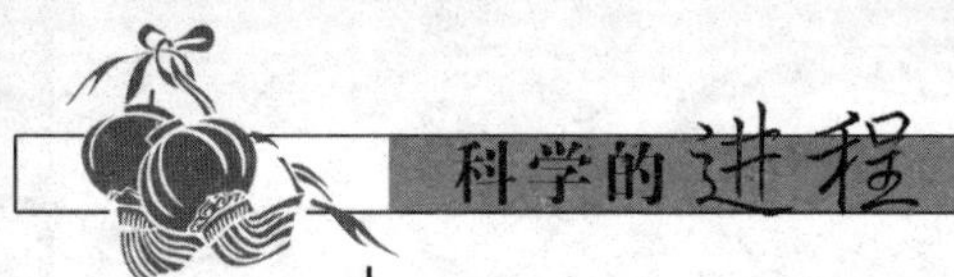

家的重要区别之一。孟德尔选择的实验材料也是非常科学的。因为豌豆属于具有稳定品种的自花授粉植物，容易栽种，容易逐一分离计数，这为他发现遗传规律提供了有利的条件。

孟德尔通过人工培植这些豌豆，对不同代的豌豆的性状和数目进行了细致入微的观察、计数和分析。运用这样的实验方法需要极大的耐心和严谨的态度。他酷爱自己的研究工作，经常向前来参观的客人指着豌豆十分自豪地说："这些都是我的儿女！"

从1856年到1864年，孟德尔默默地进行了8年的豌豆试验，发现了生物遗传的奥秘。

孟德尔清楚自己的发现所具有的划时代意义，但他还是慎重地重复实验了多年，以期更加臻于完善。1865年，孟德尔在布鲁恩科学协会的会议厅，将自己的研究成果分两次宣读。

第一次，与会者礼貌而兴致勃勃地听着报告，而孟德尔只简单地介绍了试验的目的、方法和过程，一小时的报告使听众如坠云雾之中。

第二次，孟德尔着重根据实验数据进行了深入的理论证明。可是，伟大的孟德尔思维和实验太超前了。尽管与会者绝大多数是布鲁恩自然科学协会的会员，既有化学家、地质学家和生物学家，也有生物学专业的植物学家、藻类学家，然而，听众对连篇累牍的数字和繁复枯燥的论证毫无兴趣，他们实在跟不上孟德尔的思维。孟德尔用心血浇灌的豌豆所揭示的秘密，时人不能与之共识。

1866年，孟德尔发表了《植物的杂交试验》这篇论文，揭示了生物性状的分离和自由组合的遗传定律，后来人们分别称他的发现为"孟德尔第一定律"和"孟德尔第二定律"。

然而，这篇在现在看来具有划时代意义的论文，在当时仍然未引起任何反响。究其原因有三个：

第一，在孟德尔论文发表前的1859年，达尔文的名著《物种起源》出版了。这部著作引起了科学界的兴趣，几乎全部的生物学家都转向了对生物进化的讨论，从而忽视了对孟德尔论文的关注。

第二，当时的科学界缺乏理解孟德尔定律的思想基础。首先那个时代的科学思想还没有包含孟德尔论文所提出的命题：遗传的不是一个个体的全貌，而是一个个性状；其次，孟德尔论文的表达方式是全新的，他把生物学和统计学、数学结合了起来，使得同时代的博物学家很难理解论文的真正含义。

第三，有的权威出于偏见或不理解，把孟德尔的研究视为一般的杂交实验，和别人做的没有多大差别。

孟德尔晚年曾经充满信心地对他的好友，布鲁恩高等技术学院大地测量学教授尼耶塞尔说："看吧，我的时代来到了。"这句话成为了伟大的预言。直到孟德尔逝世16年后，豌豆实验论文正式出版34年，他从事豌豆试验43年，预言才变成现实。

孟德尔的试验结果直到1900年才由荷兰的德·弗里斯、德国的柯伦斯、奥地利的丘歇马克在各自的豌豆杂交试验中分别予以证实，从而揭开了现代遗传学的序幕。孟德尔因此被誉为遗传学真正的奠基人，被称为"现代遗传学之父"。

DNA的发现

DNA被深入研究是20世纪中叶的事，但DNA的发现则早在19世纪60年代。历史上最早注意到DNA的人是当时年仅24岁的瑞士医生米歇尔。

米歇尔的第一位导师施特雷克就是当年声望卓著的有机化学家，是人工合成氨基酸（丙氨酸）的第一人，这个反应现在还是以他的名字命名的，就叫施特雷克合成反应。但是比起化学合成路径的研究，米歇尔对细胞里面的各种化学组分更感兴趣，于是他于1868年跳槽到了生化学家霍佩·赛勒那儿，这又是一位大师级人物，生理化学的奠基人之一。"蛋白质"这个概念是他率先引入的。霍佩·赛勒后来还做了一系列对蛋白质性状的研究，最有名的当属

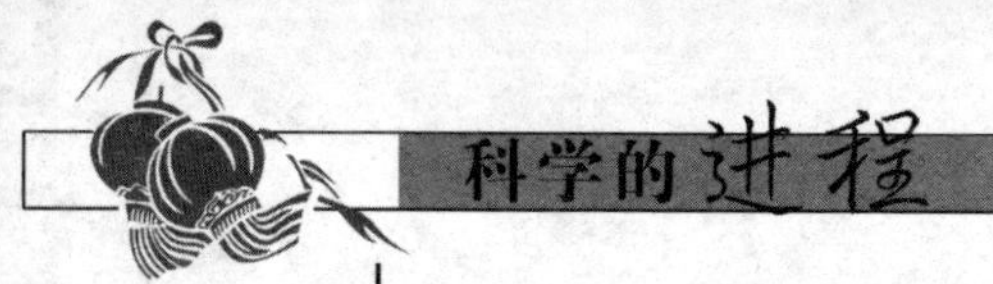

血红蛋白。

米歇尔一开始着手研究的方向是淋巴细胞，但很快发现很难从淋巴腺里分离出纯度更高的淋巴细胞，于是才转向研究白细胞的化学组分——附近的诊所提供给他大量刚换下的外科绷带，上面那些新鲜的脓就是极佳的白细胞来源，高浓度与高纯度兼备。

米歇尔用了个笨方法分离脓中的各种组分——拿各种溶剂一点点冲洗，然后把洗出来的东西在显微镜下一一观察并加以分类。这个工作非常耗费时间，关键就是要整理出什么样的盐度与酸碱度下会析出怎样的蛋白与脂类。

虽然工作烦琐枯燥，不过米歇尔慢慢的也就习惯了，无非是冲洗、沉淀、观察，循环往复的三部曲。直到有一天，他发现析出的一个东西有点不太一样：它在弱酸性溶液里会沉淀，提高碱性后又会重新溶解。1869 年，他在给他的叔叔——生化学家威尔赫尔姆·希思的信里这样写道："在以往用弱碱性溶液做的实验中，只要我中和这个溶液，就会得到一些沉淀，这些沉淀不溶于水、醋酸、极其低浓度的盐酸、氯化钠溶液。因此这不可能是任何已知的蛋白质。"

米歇尔

其实，米歇尔得到的这个沉淀就是有史以来第一管 DNA 粗提物。

米歇尔观察得十分细致，因此他注意到这些沉淀的来源似乎是白细胞的核内。这引起了他极大的兴趣。因为当时的科学家们对细胞核仍然所知甚少，虽然早在 1802 年细胞核的存在就为人所知，但直到三年前，即 1866 年，德国生物学家恩斯特·海克尔才首次提出细胞核可能与生物特征的遗传有关。米歇尔认为他发现的新物质应该可以告诉人们一些关于细胞核的化学组分的信息，说不定还

能有助于猜想细胞核的功能。

米歇尔再次进行试验，他非常细致地用一定温度、盐度、酸度的溶液把物质的细胞质和细胞核彼此分离，然后把细胞核放进乙醚和水的混合溶液中震荡，他发现在水相那层出现了白色的丝状沉淀。米歇尔往水相中加了点碱，沉淀慢慢溶解了，他又加了点酸，沉淀又渐渐出现。米歇尔松一口气，他再次得到了那个神秘的物质，而且这次他确定这个物质来源于细胞核内，因此他决定把它命名为核素。

米歇尔下一步就是按照当时研究的惯例，对这个新物质进行元素组成分析，主要方式是把新物质与一些只会与特定元素反应的物质一一放在一起加热。用这种方法，米歇尔检测到了一些一般有机物里都有的元素：碳、氢、氧、氮，还有一点儿硫——实际上这是因为他分离出的 DNA 还不够纯净，还多少混了些蛋白质的缘故。

令他惊讶的是，米歇尔还发现了核素含有大量的磷元素——蛋白质可不会这样。他通过燃烧试验证实了那些磷在核素中是以有机磷而非无机磷的形式存在。随后，他又找来其他组织与细胞，证实了从肝细胞、肾细胞、酵母……无数的细胞组织中都可以提取到核素这个东西。

由此，他得出结论：核素是一种广泛存在于各种细胞核内的、含丰富有机磷的、不同于现在任何已知蛋白质的分子。

但对核素具体的功能，米歇尔就没什么把握了。他先是推测核素可能起到一个储存磷元素以供其他分子合成的作用，但缺乏手段来证实或证伪这点。因此他开始另辟蹊径，决定观察不同状态下的细胞内核素的比例变化，希望能得到一些线索。同样是在 1869 年，他在给他的叔叔威尔赫尔姆·希思的另一封信里提道：“在那些细胞倍增的组织中，比如肿瘤里，在细胞快要分裂之前的一段时期，细胞核里面的物质出现了增长。”

这是极其犀利而准确的观察。

米歇尔当时与事实真相间可以说是只隔着薄薄的一张纸，但他

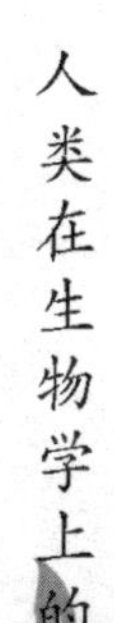

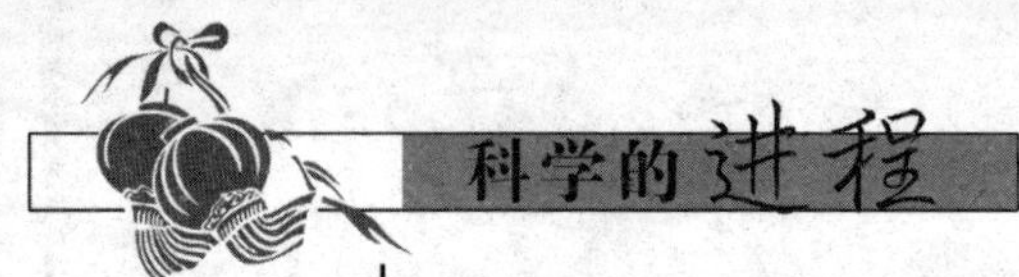

还是没能找到核素倍增与随后的细胞分裂之间的关联。

就在1869年秋天，已经在整理核素相关资料准备发表的米歇尔又跳槽到了莱比锡大学，接受物理学家兼生理学家卡尔的指导。卡尔是一名非常优秀的导师，他交给米歇尔的课题也极其富有挑战性：研究痛觉是怎样沿着脊髓内的神经束传递的。米歇尔全心全意地投入到新课题中去，相比之下，核素就不再是他思索的重点了，尽管如此，他还是在当年的圣诞节前把核素相关的研究成果写成手稿，寄给了他的前任导师霍佩·赛勒。

然而，霍佩·赛勒对这个核素是抱着比较怀疑的态度的。米歇尔在纯化这个核素的过程中，曾经用到从猪胃中提取的蛋白酶来去除蛋白质的污染。霍佩·赛勒担心这个步骤可能造成蛋白质的降解物与一些含磷的化合物反应，最终生成米歇尔所观察到的东西——核素。

1871年，米歇尔的手稿终于以《论脓细胞的化学组成》之题发表，同一期还发表了他的前任导师霍佩·赛勒实验室对核素的两篇后续研究，一篇讲的是核素在鸟类与蛇类的有核红细胞中也可以提取到，但在牛的无核红细胞中就没有。另一篇则是霍佩·赛勒亲自撰写，随着研究的不断深入，他开始认识到米歇尔发现的正确性，还着重提到了核素非同寻常的高磷元素含量。

米歇尔当时其实已经隐隐意识到核素的非同一般，这个分子对细胞的重要性或许不亚于蛋白质，在手稿中他这样写："……很显然我（对核素）所做的研究还十分初步，还缺少许多简明的实验来发掘核素与其他已知的组分之间的关系。……我相信就我给出的结果，虽然零碎，但仍重要到值得邀请别的化学家加入到共同研究这个物质的行列中。一旦我们知晓核中的物质与蛋白质，以及它们的转化产物间的关系，我们也许就能逐渐揭开蒙在细胞生长的内在过程之上的那层薄纱。"

尽管米歇尔十分看好核素，但是莱比锡的新课题还是占据了他大部分的精力，于是核素这个课题就被他暂时搁置到了一边，直到

一年多以后。

1872 年，年仅 28 岁的米歇尔接受了瑞士家乡巴塞尔大学抛来的橄榄枝，出任该校生理学教授一职。之前与他常常通信的叔叔威尔赫尔姆·希思也在那儿研究鸟类与鱼类的胚胎发育。这启发了正想重拾核素这一课题的米歇尔，他开始用各种生物的卵子和精子研究核素。

在 1872 年到 1873 年间，米歇尔成功地从鲑鱼、蛙类、鲤鱼、公鸡与公牛的精子细胞中提纯出了核素，不过最好的样品还是来自鲑鱼。靠着这些质量上佳的核素样品，米歇尔再次进行了组分测定的实验，这次，他推翻了他在图宾根大学做出的结论，认为核素中不含有硫元素——这次的结论是正确的，因为此前他在图宾根大学观测到的硫实际上是缘于从白细胞提取的核素里面混杂的蛋白质太多。他还对核素中的磷元素进行了定量分析，得出了两个结论：磷元素在核素中以磷酸根的形式存在；磷酸酐（P_2O_5）约占核素质量的 22. 9%——与 22. 5%的实际值间仅有 0. 4%的误差。

对于核素的功能，米歇尔也开始根据新得到的信息进一步推理。最初他曾以为核素是细胞内的磷元素仓库，后来他猜想核素可能是卵磷脂一类的分子的前体，但这些假说都或多或少与观测到的现象有所矛盾，因此被米歇尔自己一一推翻了。

米歇尔否定了核素作为遗传物质的可能性，在他看来，核素的存在实在太过广泛，也太过同质了。从完全不同的动物那里提取到的核素性质是如此近似，假如核素是遗传物质，那么实在很难解释丰富多彩的生物多样性。

图宾根大学

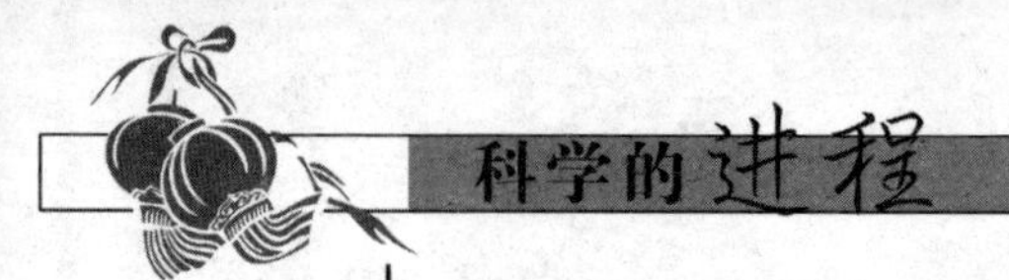

米歇尔是一名勤奋的研究者，他除了对生殖细胞进行生化分析外，还做了不少其他方向的研究，包括分析人体血液组成如何随着海拔高度的变化而改变，他甚至第一个发现了影响呼吸频率的是血液中二氧化碳的浓度——而不是人们广泛猜想的氧气浓度。

1895 年，米歇尔因患肺结核逝世。他的叔叔威尔赫尔姆·希思整理了他一辈子的研究成果，并为之写下了这样的评语："对米歇尔与他的工作的认可将不会减少；恰恰相反，它会与日俱增，并终将作为一颗种子，结出累累的硕果。"

米歇尔的发现开创了一个崭新的科学领域，引起生命科学研究的一场大革命，使人类发现了解开生命之谜的金钥匙。半个世纪后的 1944 年，威尔赫尔姆·希思的预言终于应验了，这一年美国生物化学家奥斯瓦尔德·艾弗里证明 DNA 是真正的遗传物质。

染色体的发现

染色体的发现及其本质的揭示历经了一个比较长的阶段。

1875 年，德国科学家斯脱劳伯格在显微镜下，就已经观察到了细胞里有细胞核。如果把一个细胞分成两半，一半有完整的细胞核，一半没有细胞核，同时可以发现，有细胞核的那一半能够生长分裂，而没有细胞核的那一半就不行了。

令人遗憾的是，由于细胞基本上是透明的，即使是在显微镜下也不大容易看清它的精细结构，所以在很长一段时间内，人们都没有弄清楚细胞核分裂的原理。

当科学发展到了 1879 年，一位叫做弗莱明（1843—1915）的德国生物学家发现，利用碱性苯胺染料可以把细胞核里的一种物质染成深色，这种物质被称做染色质。

1882 年，弗莱明更加详细地描述了细胞的分裂过程。细胞开始分裂的时候，染色质聚集成丝状，随着分裂过程的进行，染色质丝

分成数目相等的两半，并且形成两个细胞核，这种分裂过程称做有丝分裂。1888 年，染色质丝被称做染色体。

人们发现，各种生物的染色体数目是恒定的。在多细胞生物的体细胞中，染色体的数目总是复数。例如，人的体细胞染色体数目为 46，果蝇为 8，玉米为 20，等等。其中，具有相同形状的染色体又总是成对存在着。因此，人的染色体为 23 对，果蝇为 4 对，玉米为 10 对。

追溯每一对染色体的来源，其中一个来自精子，一个来自卵子。成对的染色体互为同源染色体。细胞中成对染色体一般说来是相似的，但有一个例外，就是性染色体。

人有 23 对染色体，其中 22 对男女都一样，称为常染色体。另一对男女不一样，就是性染色体。女人的一对性染色体，形态相似，称为 X 染色体。男人的一对性染色体，一个为 X 染色体，另一个为 Y 染色体。XX 为女性，XY 为男性。染色体的数目同生物物种有关系，又同生物的繁殖有关系。

1903 年，美国生物学家萨顿最早发现了染色体行为和孟德尔因子的分离组合之间存在着平行关系。即每条染色体有一定的形态，在连续的世代中保持稳定；每对基因在杂交中保持它们的完整性和独立性。

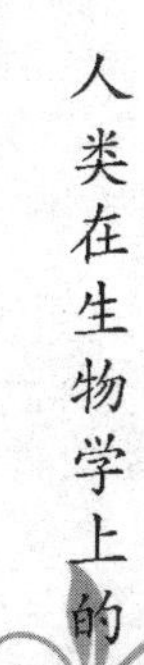

染色体成对存在，基因也成对存在；在配子中，每对同源染色体只有其中一条，每对等位基因也只有一个。不同的等位基因在配子形成时是独立分配的；不同对染色体在减数分裂后期的分离也是独立的。

1906 年，英国生物学家本特森在几种植物中发现了几个“连锁群”，但他拒绝接受染色体学说，而是固执地认为，基因的物质基础在细胞结构中没有任何直接的证据。但是，不管怎样，萨顿的假说还是引起了广泛的注意，因为染色体是细胞中可见的结构，这个假说就显得十分具体。

受精作用是精、卵胞核的结合

1875年，德国生物学家赫脱维奇发现受精作用是精、卵的胞核的结合，并首先在海胆中发现从精子入卵至雌雄两原核融合的受精过程。

在海胆卵激活的早期阶段，质膜对钠离子的通透性增加，钠离子大量内流，致使质膜在数秒钟之内极化；钙离子自细胞库存中释放，使20~30秒钟的时间里卵内游离钙离子量迅速增加多达100倍；随着钠离子内流，氢离子外流，致使一分钟之内卵内pH值明显增加。这些离子的变化，诱发皮层反应，导致阻断多余精子入卵，并激起卵的进一步发育。卵内游离钙离子的增加，起到激活卵内钙调素的作用，由此进一步激活卵内其他的蛋白质。随即出现蛋白质合成量的增加，DNA也开始复制。

在海胆卵上，钙离子也可能是通过钙调素，激活卵质膜上的某些专一转运蛋白质，使氢离子向细胞外输出。卵内pH值的增加，会引起蛋白质合成速率的增加和DNA的复制。受精机制的研究，是人类有效掌握和控制有性生殖动物繁殖和育种的基本保证之一。

胚胎学上争论200余年的唯卵和唯精学说，至此才得到合乎事实的解答。

1883年比利时生物学家贝内登发表二价马副蛔虫受精细胞学的研究论文，肯定了赫脱维奇的在遗传上父母贡献均等的理论，并使精、卵的合作研究更为深入。在马副蛔虫合子第一次分裂的纺锤体上，可看到四条染色体，其中两条来自父方，两条来自母方。因此，他认为染色体有定形、有定性、有定数和有系统，父母的染色体通过精卵的融合传给子代。

后来，德国生物学家博韦里在研究马副蛔虫的工作上进一步巩固了上述理论，把染色体看做是遗传信息的载体。

下面，我们分别来介绍一下动物和植物的受精机制，从而加深对赫脱维奇发现受精作用是精、卵胞核的结合的认识。

动物的受精：当卵细胞和精子相遇时，小个体有较好的运动能力，可以尽情地去寻找能容它们寄生的大个体，这样的配子有利于生存。于是两个不同个体形成雌雄两性，并以集团形式出现。到了20世纪90年代，英国牛津大学的哈米尔顿教授提出的细胞质非对称性，又对此做出了新的解释，他认为这种个体差异是为了避免卵子和精子间闹“纠纷”，具体原因主要在精子身上，因为它们失去了以线粒体DNA为首的细胞质遗传基因。如果卵子精子都有细胞质遗传基因，结合以后就会互相猛攻对方的遗传基因，为避免这种混乱，结合之前，精子就很大度地事先解除了自己的细胞质遗传基因，而只带有核遗传基因。

植物的受精是两种配子融合成为合子的过程，由合子再发育成具有双亲遗传性的新个体。受精是有性生殖的中心环节。高等动植物的雄性和雌性亲本（即父本和母本）的遗传特性，是由具单倍染色体的精子和卵子通过受精而传到子代的。由精子和卵子融合产生的新个体，恢复了像亲代一样的二倍染色体的数目，继承了亲代双方的遗传性，同时，由于亲本双方遗传物质的重新组合，还有可能表现出新的性状。所以通过受精产生的子代，既有亲代遗传的特性，也表现有个体的特异性。因而，受精不仅在维持物种的延续上有重要的意义，而且也是生物进化的一个重要的因素。

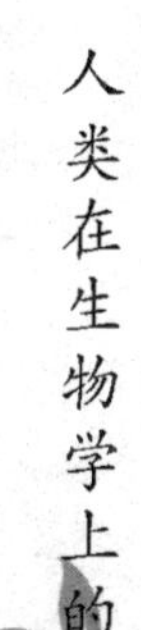

科赫的一系列伟大发现

科赫，德国医生和细菌学家，世界病原细菌学的奠基人和开拓者，与巴斯德齐名的微生物学奠基者。科赫对医学事业所作出开拓性贡献，使其成为在世界医学领域中令德国人骄傲无比的科学巨人。因其在病原学领域的伟大成就，毫无争议地荣获了1905年度

的诺贝尔生理学或医学奖。

科赫于1843年12月11日出身于德国克劳斯塔尔-策勒费尔德的一位矿工的家庭。科赫同他12个兄弟姐妹都受到了极好的教育。他作为班上品学最优的学生，从中学毕业后便到著名的哥廷根大学学习数学和自然科学，后来又学习医学，1866年毕业于哥廷根大学医学院。

毕业后，他又亲身经历了1866年汉堡流行的霍乱和1870—1871年的普法战争。这两件事对他的人生产生了决定性的影响，一方面对他后来在医学上的发展起了推动作用，瘟疫和战争让他看到了传染病的可怕和战胜它的紧迫性；另一方面使他开始慢慢地由幻想型的生活态度转变为现实型的生活态度。

科　赫

他的未婚妻对他的个性非常了解，为了使他彻底放弃那些不切实际的浪漫想法，建议他过一种平静的乡村医生的生活。科赫接受了未婚妻的建议，1872年，担任了东普鲁士一个小镇的地方医生。他一边行医，一边开始研究当地一种流行的病害——炭疽病。

由于以前的微生物学家们不能分离和纯化细菌，因此无法精确说明病原菌的特点。科赫在研究炭疽病时，体会到要证实某种病原菌，首先必须解决分离和纯化问题。用液体培养液培养细菌时，各种细菌混合生长，无法分离；于是科赫用土豆片进行培养，细菌可以在土豆片上生长，但容易扩大成片，不容易形成单一的菌落，这样不便于进行纯化。此外土豆片不透光，不便在显微镜下检查，同时土豆对大多数细菌也不是合适的营养物质。科赫想到一个办法，用一种透明物质使培养液固体化并能透光，这样就能进行分离和纯化

了。他先将溶化的明胶倒在玻璃板上使其凝固，用烧灼的白金针挑取少量细菌轻快地在明胶板上画线，不久在明胶表面生长出许多细菌，再采用同样技术挑取单个菌落在另一干净的明胶板上画线。这样就得到了纯化的细菌。明胶虽然可以凝固成透明的固体，但不适合高温培养；而且明胶是一种复杂的蛋白质，容易被许多种细菌作为营养而消化。那么什么东西合适呢？

有一天，科赫与他的朋友海斯一同讨论这个问题直到深夜，他们边思考，边交谈，什么东西在高温加热时变为液体，而温度降低一些时又变为固体，而且还透明？这时，已先在隔壁卧室休息的海斯夫人朦胧中听到了他们的谈话，随口说了一句："那是洋菜！"这一句话非同小可，科赫兴奋地跳了起来，"对呀，是洋菜！"洋菜就是今天所说的琼脂，它在100℃时溶化，当温度降低到40℃时才凝固。凝固的洋菜坚固，硬而透明。它还是一种复杂的碳水化合物，绝大多数细菌不能利用它作养料。因此，洋菜是配制固体培养基最理想的物质，它很快取代明胶作为凝固剂。

科赫还设计了培养细菌用的肉汁培养液和营养洋菜培养基。这是一类基础培养基，一般细菌都能在上面生长，若要分离某些特殊细菌，可以在这个培养液内加入各种物质，如糖、血液、血清等。

另外，科赫还在染色技术方面作出了重要贡献。他开始观察细菌时，只是把细菌涂在玻璃片上直接放在显微镜下去看，但后来发现这样看不太清楚。于是德国病理学家和组织学家威格特首先采用苯胺染色剂染细菌。其后科赫再次设计了细菌染色技术，他将细菌涂在载玻片上成一薄层，晾干后在酒精内固定，再用各种染色剂如甲基紫5B、复红和苯胺棕溶液染色。这样，在显微镜下就可以清楚地看到细菌的形态结构了。

巴斯德等人虽然成功地防治了炭疽病，但具体证实炭疽病的病原体是炭疽杆菌和搞清楚这个细菌的生物学特性的工作是由科赫完成的。科赫把病羊的血液注射到白鼠体内，细菌可侵入白鼠的组织，然后再从白鼠组织内分离得到炭疽病菌的纯培养物。他用所分

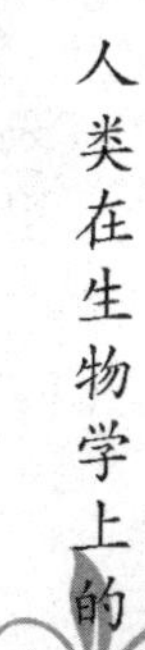

离到的纯培养的病原菌再接种给实验动物诱发炭疽病，并从这些人工感染的动物体内又重新分离到这个病菌的纯培养。因此，他无可怀疑地证实了炭疽病菌是炭疽病的病原体。这个研究结果成为以后研究其他病原细菌的标准范例。

科赫根据本人的工作经验和接受他的前辈——亨勒（科赫在哥廷根大学学习时的老师）的看法，提出了证明病原细菌所必须具备的条件，这一条件称为科赫原则，一共有四条，它们是：当怀疑某种微生物是某种病的病原体时，它一定伴随着疾病而存在；必须从原寄主中分离出这种微生物，并培养为纯培养物；用已纯化的纯培养微生物，人工接种给寄主，必须能诱发与原来疾病相同的疾病；必须从人工接种发病的寄主内能重复分离出同一病原微生物，并培养成纯培养物。

经过不懈的努力，科赫证明炭疽病的病原是一种杆菌。在此之前，包括巴斯德在内的好几位微生物学家都研究过炭疽病的病原问题，但由于他们缺乏严格的分离与培养病菌的方法，并没有准确地揭示病菌与炭疽病之间的因果关系，对病原菌本身的特点也不是很清楚。

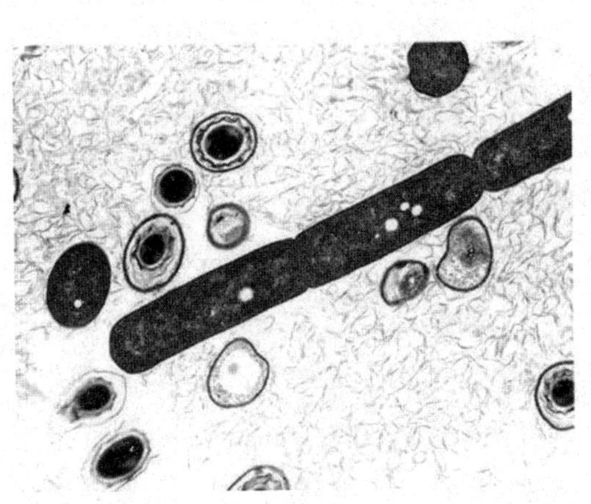
炭疽杆菌

科赫在人类历史上第一次科学地证明了某种专门的微生物是某种专门疾病的病原体。他的研究成果以《根据炭疽杆菌的发展史阐述炭疽病病原学》为题发表了。由于这个发现，他在1880年被聘请任职于柏林的皇家卫生局。

对我们现代人来说，结核病已不是什么可怕的疾病了。但在19世纪，甚至20世纪30~40年代，人们提起结核病就如同我们今天

谈起癌症一样“谈虎色变”，在当时那是一种不治之症。科赫在柏林与他的两位助手勒夫勒和加夫基在科研工作中进行了富有成果的合作，最终得到了他一生中最著名的发现——找到了引起结核病的结核杆菌。

1882 年 3 月 24 日，科赫在柏林大学卫生学院生理学协会上对此发表了评论，他总结说：“在结核性病变的组织里，经常出现杆菌，这种杆菌能够从机体中分离出来，并能长时间保持在纯培养液中。分离出的杆菌用各种方式传染给动物，这种动物也就有了结核性疾病。对此，可以认为结核菌是结核病的病因，因此也就把它看做是寄生性疾病。”

直到逝世前，他一直研究尚未解决的战胜结核病的问题。他创制了当时用于诊断结核病的不可缺少的诊断液——结核菌素，直到今天，结核菌素仍在使用。科赫战胜结核病的愿望终于在抗生素发现以后得以实现。

1882 年以后，科赫又取得了一系列重要的科学成果。1883—1884 年，他受政府委派，赴埃及和印度考察霍乱，发现了霍乱弧菌；在其他旅行中，发现了鼠疫和疟疾的病原体。

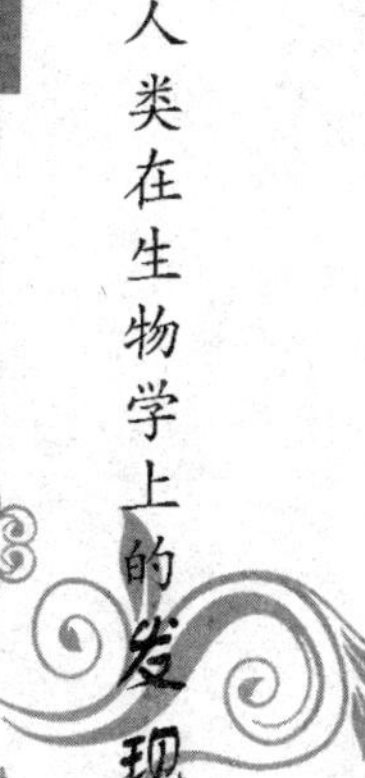

光合作用

光合作用的发现及其原理的揭示经历了一个漫长的过程，是众多科学家共同努力探索的结果。

公元前，古希腊哲学家亚里士多德认为，植物生长所需的物质全来源于土中。

1627 年，荷兰人范·埃尔蒙做了盆栽柳树称重实验，得出植物的重量主要不是来自土壤而是来自水的推论。他没有认识到空气中的物质参与了有机物的形成。

1771 年，英国的普里斯特利发现植物可以恢复因蜡烛燃烧而变

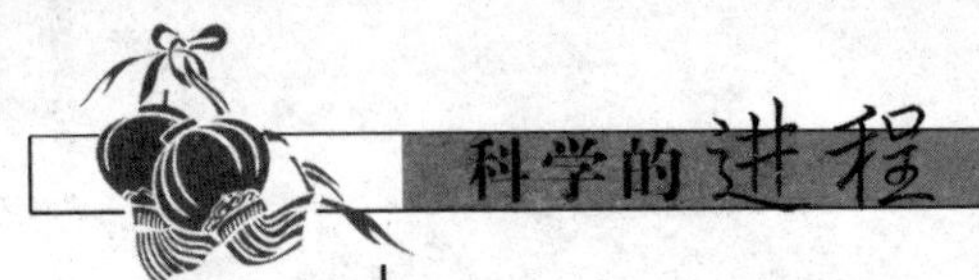

“坏”了的空气。他做了一个有名的实验，他把一支点燃的蜡烛和一只小白鼠分别放到密闭的玻璃罩里，蜡烛不久就熄灭了，小白鼠很快也死了。接着，他把一盆植物和一支点燃的蜡烛一同放到一个密闭的玻璃罩里，他发现植物能够长时间地活着，蜡烛也没有熄灭。他又把一盆植物和一只小白鼠一同放到一个密闭的玻璃罩里。他发现植物和小白鼠都能够正常地活着，于是，他得出了结论：植物能够更新由于蜡烛燃烧或动物呼吸而变得污浊了的空气。但他并没有发现光的重要性。

1779 年，荷兰的英格豪斯证明：植物体只有绿叶才可以更新空气，并且在阳光照射下才能成功。

1785 年，随着空气组成成分的发现，人们才明确绿叶在光下放出的气体是氧气，吸收的是二氧化碳。

1804 年，法国的索叙尔通过定量研究进一步证实：二氧化碳和水是植物生长的原料。

1845 年，德国的迈尔发现：植物把太阳能转化成了化学能。

1864 年，德国的萨克斯发现光合作用产生淀粉。他做了一个试验：把绿色植物叶片放在暗处几个小时，目的是让叶片中的营养物质消耗掉，然后把这个叶片一半曝光，一半遮光。过一段时间后，用碘蒸汽处理发现，遮光的部分没有发生颜色的变化，曝光的那一半叶片则呈深蓝色。这一实验成功地证明了绿色叶片在光合作用中产生淀粉。

1880 年，美国的恩格尔曼发现叶绿体是进行光合作用的场所，氧是由叶绿体释放出来的。他把载有水绵（水绵的叶绿体是条状，螺旋盘绕在细胞内）和好氧细菌的临时装片放在没有空气的暗环境里，然后用极细光束照射水绵通过显微镜观察发现，好氧细菌向叶绿体被光照的部位集中；如果上述临时装片完全暴露在阳光下，好氧细菌则分布在叶绿体所有受光部位的周围。

1897 年，科学家们首次在教科书中称它为光合作用。

1939 年，美国科学家鲁宾和卡门采用同位素标记法研究了

"光合作用中释放出的氧到底来自水，还是来自二氧化碳"这个问题，得到了氧气全部来自于水的结论。

20 世纪 40 年代，美国的卡尔文等科学家用小球藻做实验：用 C14 标记的 CO_2（其中碳为 C14）供小球藻进行光合作用，然后追踪检测其放射性，最终探明了二氧化碳中的碳在光合作用中转化成有机物中碳的途径，这一途径被称为卡尔文循环。

21 世纪初，随着合成生物学的兴起，人工设计与合成生物代谢反应链成为改造生物转基因系统的生物学技术。2003 年美国贝克利大学成立合成生物学系，开展光合作用的生物工程技术开发，同时美国的私立文特尔研究所展开了藻类合成生物学的生物能源技术开发，使光合作用技术开发在太阳能产业领域带来了一场变革。

光合作用是植物、藻类利用叶绿素（细菌利用其细胞本身），在可见光的照射下，将 CO_2 和水（细菌为硫化氢和水）转化为有机物，并释放出氧气（细菌释放氢气）的生化过程。植物之所以被称为食物链的生产者，是因为它们能够通过光合作用利用无机物生产有机物并且贮存能量。通过食用，食物链的消费者可以吸收到植物及细菌所贮存的能量，效率为 10%~20%左右。对于生物界几乎所有的生物来说，这个过程是它们赖以生存的关键。而在地球上的碳氧循环中，光合作用是必不可少的。

光合作用是一系列复杂的代谢反应的总和，是生物界赖以生存的基础，也是地球碳氧循环的重要媒介。

研究光合作用，对农业生产、环保等领域起着基础指导的作用。了解了光反应、暗反应的影响因素，可以趋利避害，如建造温室，加快空气流通可以使农作物增产。人们在了解到二磷酸核酮糖羧化酶既能催化光合作用，又能推动光呼吸的两面性后，开始尝试对其进行改造，以避免有机物和能量的消耗，而提高农作物的产量。

农业生产的目的是为了以较少的投入，获得较高的产量。根据光合作用的原理，改变光合作用的某些条件，提高光合作用强度（指植物在单位时间内通过光合作用生成制造糖的数量），是增加农

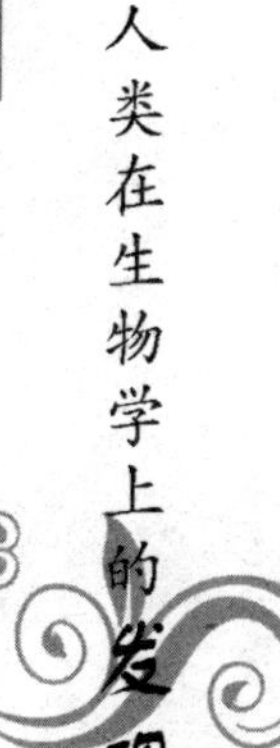

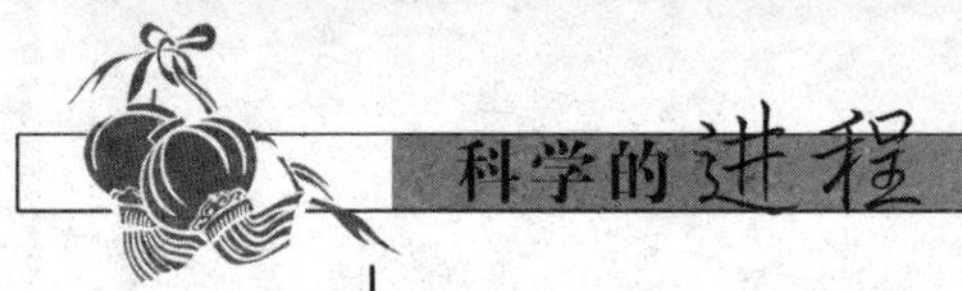

作物产量的主要措施。这些条件主要是指光照强度、温度、CO_2 浓度等。如何调控环境因素来最大限度地增加光合作用强度，是现代农业需要研究的一个重大课题。

当了解到光合作用与植物呼吸的关系后，人们就可以更好地布置家居植物，比如晚上就不应把植物放到室内，以避免因植物呼吸而引起室内氧气浓度降低。

疟原虫的发现

1880 年，法国病理学家、寄生虫学家拉韦朗发现了疟原虫，提出了疟疾偶发症的寄生性理论，并阐明原生动物在引起疾病中所起的作用。

拉韦朗，1845 年出生在法国巴黎，1863 年就读斯特拉斯堡卫生学校，1866 年他被任命为斯特拉斯堡居民文明医院的医生。1870 年法国和德国的战争爆发后，他成为一名救护人员，参加了战斗，1871 年回到法国，在第一附属医院实习，然后到巴黎圣马丁医院。1874 年通过竞争考试，1878—1883 年他被派往阿尔及利亚，在那里他有足够的机会研究疟疾。

拉韦朗

拉韦朗在观察时发现因疟疾死亡的人的血液内经常有黑色颜料颗粒，他耐心地收集了许多病人的新鲜血液样本进行检验。

1880 年 11 月，他偶然看到一个疟疾病人的血液中有一种原生动物，他认为导致疟疾的正是这种原生动物寄生虫，后来这种寄生虫被定名为疟原虫。

1896 年，拉韦朗发表了疟原虫在

人体外亦可见的学说，他的这些观点后来均被医学界所证实。同年，他进入了巴斯德研究所。

自1900年以来，拉韦朗没有停止致病原生动物领域的研究工作，尤其是深入研究了锥体虫，特别是锥体虫造成的可怕的睡眠病，使原生动物疾病最终成为引人注目的一个亮点。

因发现疟原虫及后来对原虫病的研究，拉韦朗于1907年获得了诺贝尔生理学或医学奖。

吞噬细胞的发现

1883年，俄国动物学家、免疫学家、病理学家梅契尼科夫在高等动物和人体内发现了吞噬细胞现象，提出了吞噬细胞学说，指出吞噬细胞在机体炎症过程中起着保护机体的作用。

病菌进入人体以后是不是一定会使人生病或者死亡呢？病菌在自然界分布很广，人很容易与它们相遇，但是生病的只是其中的一部分人。原来，我们的身体里有一种细胞，像哨兵一样在体内巡逻，一旦发现了病菌，就会把它们吃掉，这样我们就能免于生病了。除非我们的“哨兵”太少或者战斗力不强，吃不掉病菌，病菌才会在机体内大量繁殖而引起疾病。

梅契尼科夫是乌克兰农家子弟，17岁进入哈尔科夫大学学习，但仅读了两年便去德国留学，后来成了欧洲很有成就的青年动物学家。他爱自己的祖国，接受了圣彼得堡大学之聘。谁料昏庸的帝俄在那个年头，已不再重视学者，于是他出逃了。1882年秋末，一艘海船被扣在敖德萨港（乌克兰）里，船上的乘客被帝俄钦差和他们那些狗仗人势、蛮横无比的兵丁一一盘查搜索。一个30来岁的商人刚被兵丁翻箱倒笼地盘查过，正闷闷地哈着腰收拾他的行李，站在边上的帝俄军官，好像也有点儿过意不去，抽着一支雪茄跟这位商人攀谈起来。“我们临时接到密令，说是一个大学教授，积欠田

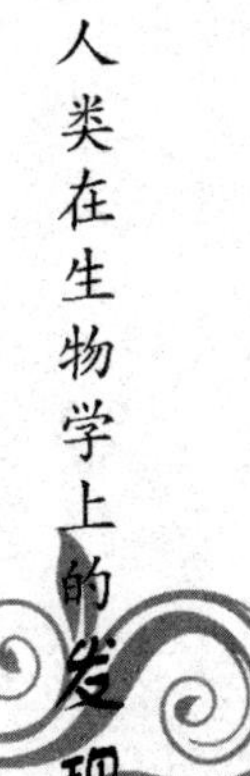

赋，抗不缴纳，听说他逃跑了。……”那商人插嘴道：“他要逃早逃了，何至于搭这最末的一班船?”“我们也是那样想，可是这是命令。”那军官耸耸肩，咬着雪茄咧着嘴说：“他逃了，田地也就充公了。我想那逃犯是个书呆子。当局恼火的是他说错了一句话。”那商人用耳朵听着，不敢接腔。军官继续说道：“那在逃的教授，去年在圣彼得堡教书时，对学生们说，做皇帝的人如果搅扰学者的研究，便是自取毁灭。……好，这船我们已经搜索遍了，诚如你说，那个梅契尼科夫教授要逃的话早逃了。再见，我们算是尽了职，可以上岸交差去了。”事实上，这商人正是梅契尼科夫教授乔装的！他因为忍受不了帝俄的暴政和阻挠治学以及派爪牙暗中监视的行为，而发表了一些抗议言论。由圣彼得堡大学转到敖德萨大学，在那里教动物学及解剖学时，曾数度申请出国进修被驳，他才不得不化装逃亡。

印有“梅契尼科夫”头像的邮票

梅契尼科夫来到了地中海的西西里岛，这时正是巴斯德和科赫的发现使人们对微生物像着了魔似的时候，他凭直觉知道微生物现在成了科学上的大事情，他梦想获得关于微生物的伟大的新发现，然而当时他还从未看见过微生物，也完全不知道研究微生物的方法。但这位奇才还是从动物学家摇身一变而成为微生物研究者。在西西里岛上，他跟一位留学德国的法国同学终日躲在实验室里，埋头于微生物以及各种病菌的本性和习惯的研究，整整6年的时间不问世事，人们几乎忘掉了还有他这么一个人的存在。

有一天，梅契尼科夫开始研究海星和海绵消化食物的方法。他发现这些动物体内有一些奇怪的细胞，它们自由自在，在体内游

走，就像是小变形虫一样。他把一些洋红色的颗粒放进了一只海星的幼体内，因为海星幼体透明得如同一扇明净的玻璃窗，因此，他能通过透镜看清楚这动物体内所发生的一切。他兴高采烈地看着那些爬着的自由自在的细胞，在海星体内趋向洋红色颗粒，并把它们吃掉了！这时一个改变他整个人生的念头在他的大脑中一闪，“在海星幼体内的这些游走细胞吞下了洋红色颗粒，那么它们也一定吃掉微生物！它们就是使人体对疾病免疫的原因……使人类不受杆菌杀戮的就是它们！”之后他又用玫瑰刺去扎小海星，结果第二天，他发现在海星体内，围绕着玫瑰刺周围的，是一堆懒洋洋的海星游走细胞。“这就是动物经受得住微生物攻击的原因。”接着梅契尼科夫给他发现的游走细胞起了个希腊文名称——吞噬细胞。

后来为了充实他的吞噬细胞理论，他又做了许多实验，但在欧洲大陆他的理论遭到一些学者的反对。梅契尼科夫去巴黎访问了巴斯德，向巴斯德畅谈了他的吞噬细胞理论，将吞噬细胞与微生物之间的斗争讲得活灵活现，有声有色……巴斯德听完后说道：“梅契尼科夫教授，我与你所见略同。我曾观察到的种种微生物之间的斗争，使我深有所感，我相信你走的路是正确的。”

梅契尼科夫把他一生的心得，写成一部《人生本性》。这是现代医药宝典之一，其中对微生物与人类之间的斗争阐述得非常详尽。在生活上，他也严格遵循自己的新理论，不让自己的免疫功能受到影响，他不吸烟、不喝酒、不放纵自己，常喝酸牛奶，并时常检查自己的大小便和各种体液。

梅契尼科夫是细胞免疫理论的创始人，他的理论使人们加深了对微生物感染原理的认识，为推动微生物学的发展，作出了巨大的贡献。因此，他于 1908 年荣获诺贝尔生理学或医学奖。

白喉杆菌和抗毒素的发现

19 世纪 80 年代，法国细菌学家保罗·埃米尔发现了白喉杆菌。到 1891 年，德国科学家贝林发现了能治疗婴儿白喉的抗毒素，从而开创了生物学的新时期。

19 世纪 80 年代初期，有一种叫做白喉的疾病特别猖獗，而且专找孩子的麻烦。医院的儿童病房里，医生们束手无策，只能从这张病床走到那张病床，时而给被白喉病膜塞住而透不出气来的孩子的气管里放进一只管子，让他能呼吸一下……

在柏林，科赫的学生弗雷德里克·莱夫勒在辛勤地工作着。他在孩子的布满白喉病膜的咽喉中发现了一种瓶状杆菌，而其他部位却没有发现这种细菌。他不能理解，为什么只在咽喉这一小部位有细菌就能置人于死地？他怀疑自己的发现，不敢肯定白喉是不是由这种细菌引起的，然而这个发现却给他人指出了方向。

在巴黎，那些急得发昏的母亲们，纷纷给巴斯德写信，要求他救救她们的孩子。

巴斯德已经衰老得无能为力了，但他的助手保罗·埃米尔却决心从地球上消灭白喉。保罗·埃米尔受莱夫勒的启发，想象白喉虽然没有许多细菌侵入，但杀伤力很强，可能是这些细菌能产生一种毒素来杀伤人体。他用培养白喉杆菌的肉汤注射豚鼠，结果豚鼠得了白喉，他成功了，白喉的确是由细菌的毒素引起的。

发现了白喉杆菌，接着又发现了白喉毒素，但事情还没有完结，怎么样才能治好白喉呢？科赫的学生中也有一个埃米尔，他是埃米尔·奥古斯特·贝林。贝林与发明“606”的细菌学家埃尔利希生于同年同月，生日仅迟一天。这时，他刚过 30 岁，是一名军医，有一撮散文格调的小胡子，却有一颗诗人气质的脑袋。他有两个念念不忘的也是富有诗意的科学思想：一是他认为血是循环于生

贝　林

物体内最奇妙的液体；另一个是他认为一定存在各种化学品，能清除侵犯人畜体内的微生物，而不伤害人畜。

贝林在了解了保罗·埃米尔的工作后，也投入到了研究白喉的战斗中去。经过长期的探索，他进行了一个著名的、决定成败的实验：先用一只从未患过白喉、也没有用杆菌免疫注射过的豚鼠的血清与白喉毒素混合，然后注射给新的豚鼠，结果豚鼠很快死亡；而用经过免疫的豚鼠血清与白喉毒素混合，再注射给新豚鼠，结果这些豚鼠安然无恙。他把这种能治疗白喉的血清叫做“抗毒素”，并常常低声自语：

“现在，我也许可以使较大的动物也免疫了，而且从它们身上获得大量灭毒血清，然后用到白喉患儿身上进行试验……能保全豚鼠的东西，应该能治疗婴儿！”

贝林于 1891 年在柏林的一家医院用抗毒素治疗一个患白喉病的孩子而大获成功，从而开创了生物学的又一个新的时期。

由于发现白喉抗毒素，贝林于 1901 年获首届诺贝尔生理学奖或医学。在获奖演说中，贝林说道：“中国人远在两千年就知道以毒攻毒的医理，这是合乎现代科学的一句古训！”也许正是这句古训，启发他完成了自己的伟业。

博尔代的一系列重大发现

从 1895 年开始，比利时细菌学家、免疫学家博尔代在体液免疫学和血清学的发展中作出了一系列重大发现。

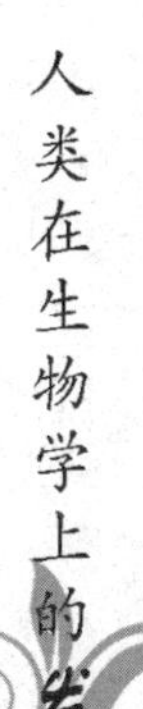

博尔代，1870年生于比利时的苏瓦尼，1892年获布鲁塞尔大学医学博士学位，1894年赴巴黎巴斯德研究所工作。

1895年，博尔代将新鲜免疫血清加热30分钟后，再加入相应的细菌，发现免疫血清只出现凝集，丧失了溶菌能力。他据此认为，免疫血清中可能存在两种与溶菌有关的物质，一种是对热稳定的物质即抗体，能与相应细菌或细胞特异性结合，引起凝集；另一种是对热不稳定的物质，称之为补体，它是正常血清中的成分，无特异性，但具有协助抗体溶解细菌或细胞的作用。

博尔代后来证实，新鲜血液中含有一种不耐热的成分，可辅助和补充特异性抗体，具有免疫溶菌、溶血作用，故被称为补体，补体由此被发现。补体是由30余种可溶性蛋白、膜结合性蛋白和补体受体组成的多分子系统，故被称为补体系统。根据补体系统各成分的生物学功能，可将其分为补体固有成分、补体调控成分和补体受体。

1898年，博尔代研究溶血作用，发现血清也能溶解异体的红细胞。

1901年，他在布鲁塞尔也创建了一个巴斯德研究所并亲任所长，从而开展了自己的研究工作。

这一年他在研究免疫问题时发现抗体有与特异性抗原结合的能力，抗原、抗体结合的机制是吸附作用。

也就是在这一年，博尔代指出，当一抗体与抗原发生作用时，其补体便被耗尽。这一过程叫做补体结合，它在免疫学上被证明是具有重要意义的。乏色曼发明的著名的乏色曼梅毒诊断试验法依据的正是补体结合的理论。

1906年，博尔代又发现了百日咳杆菌，并研究出一种对这种病发生免疫作用的方法。

由于博尔代对体液免疫学和血清学的发展作出的贡献，获1919年诺贝尔生理学或医学奖。

1920年，他写了一篇论述免疫学的文章，精湛地总结了当时有

关该领域的全部知识。然而，对当时不断在丰富着的关于病毒的知识，博尔代却持顽固反对的态度，他拒不承认图尔特所发现的噬菌体实际上是生物，而在很长时间里坚持认为它们只不过是一些毒素而已。

光辐射治疗狼疮

1896 年，丹麦医生芬森发现利用光辐射能治疗狼疮。

芬森 1860 年生于费罗群岛的托尔沙温，他的父母是冰岛人，他小时候在雷克雅未克上学，后来到丹麦去上大学（当时冰岛和费罗群岛都属丹麦），1890 年获哥本哈根大学医学学位。

芬森还是个大学生的时候，就对光的治病效力发生了兴趣，因为他自己患有慢性病，觉得日光对他的病很有益处。

1893 年，他宣称红光能够减轻天花带来的后果，这一观点引起了人们的广泛注意。他把病室的窗子挂上红窗帘，让较长的“热波”进入，而挡住较短的“化学波”。

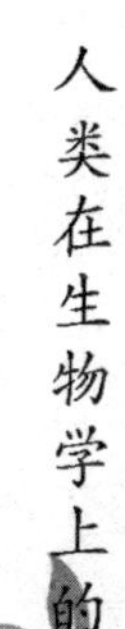

1896 年，他在哥本哈根成立了一个光研究所，经费先是由私人筹集，后来由丹麦政府拨款。他在这里研究“化学波”，发现从太阳或从强力聚光电灯得到的短波光能杀死培养基上或皮肤上的细菌，他指出这是光本身的作用而不是由于热的作用。特别是用强力短波光照射可以治疗由结核菌引起的真性狼疮皮肤病，为此他设计了一种大型强力弧光灯，叫做芬森灯。同年，他出版了《论集中化学光辐射在医学上的应用》一书。

芬森对于光的某些研究结果是难以置信的，因而废弃了，如用红色光治疗天花。然而，他对于蓝光和紫光（特别是紫外光）对细菌效果的发现是很有价值的，这为 X 射线和伽马射线用于医疗奠定了基础——伦琴和贝克勒耳在芬森实验他的化学射线的几乎同一时期分别发现了这两种射线。

由于芬森在利用光辐射治疗狼疮及其他皮肤病方面所作出的贡献，1903 年的诺贝尔生理学或医学奖授给了芬森，他把奖金的半数赠给了光研所。芬森成年后身体一直虚弱多病，在获奖的第二年就去世了。

烟草花叶病毒的发现

1898 年，荷兰细菌学家贝杰林克在麦尔、伊万诺夫斯基研究的基础上，对烟草花叶病病原进行了更加深入的研究，从而真正发现了烟草花叶病毒。

在病毒大家庭中，有一种病毒有着特殊的地位，这就是烟草花叶病毒。无论是病毒的发现，还是后来对病毒的深入研究，烟草花叶病毒都是病毒学工作者的主要研究对象。

1886 年，在荷兰工作的德国人麦尔把患有花叶病的烟草植株的叶片加水研碎，把汁液注射到健康烟草的叶脉中，能引起花叶病，这说明这种病是可以传染的。通过对叶子和土壤的分析，麦尔指出烟草花叶病是由细菌引起的。

1892 年，俄国的伊万诺夫斯基重复了麦尔的试验，证实了麦尔所看到的现象，而且进一步发现，患病烟草植株的叶片汁液，通过细菌过滤器后，还能引发健康的烟草植株发生花叶病。这种现象起码可以说明，致病的病原体不是细菌，伊万诺夫斯基将其解释为是由于细菌产生的毒素而引起的。生活在巴斯德的细菌致病说盛行的时代，伊万诺夫斯基未能做进一步的思考，从而

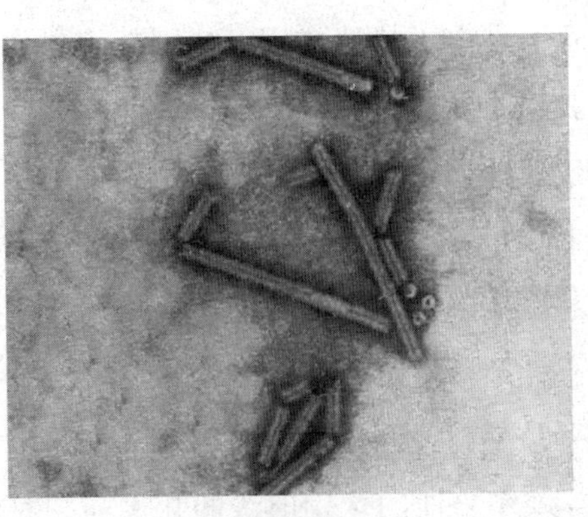

烟草花叶病毒

错失了一次获得重大发现的机会。

1898 年，荷兰细菌学家贝杰林克同样证实了麦尔的观察结果，并同伊万诺夫斯基一样，发现烟草花叶病病原能够通过细菌过滤器，但贝杰林克想得更深入。他把患病烟草植株的汁液置于琼脂凝胶块的表面，发现感染烟草花叶病的物质在凝胶中以适度的速度扩散，而细菌仍滞留于琼脂的表面。

从这些实验结果，贝杰林克指出，引起烟草花叶病的致病因子有三个特点：能通过细菌过滤器；仅能在感染的细胞内繁殖；在体外非生命物质中不能生长。根据这几个特点他提出这种致病因子不是细菌而是一种新的物质，称其为“有感染性的活的流质”，并取名为病毒，拉丁名叫“Virus”。神奇的病毒“诞生”了！

几乎是同时，德国细菌学家勒夫勒和费罗施发现引起牛口蹄疫的病原也可以通过细菌过滤器，从而再次证明了伊万诺夫斯基和贝杰林克的重大发现。

病毒由蛋白质和核酸组成，是一种颗粒很小、以纳米为测量单位、结构简单、寄生性严格、以复制进行繁殖的一类非细胞型微生物。病毒能增殖、遗传和演化，因而具有生命最基本的特征。病毒是比细菌还小、没有细胞结构、只能在活细胞中增殖的微生物，多数要用电子显微镜才能观察到。

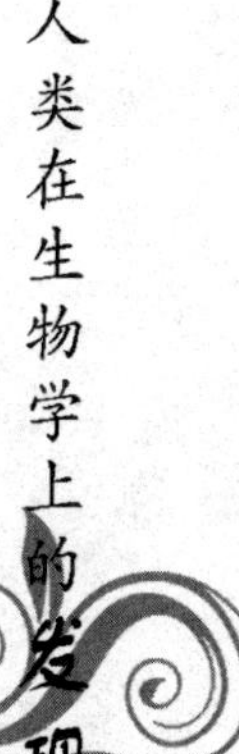

20 世纪的生物学

1900 年，孟德尔遗传规律被重新发现和证实，遗传学研究进入了现代遗传学时代，孟德尔也被誉为现代遗传学的奠基人。

20 世纪 30 年代以来，生物学研究综合运用物理、化学和生物技术，将研究目标逐渐集中到与生命本质密切相关的生物大分子——蛋白质和核酸上，并且取得了一系列重大成果。

1953 年，美国科学家沃森和英国科学家克里克共同发现了 DNA 的双螺旋结构，这一成就后来被誉为 20 世纪以来生物学方面最伟大的发现，也被认为是分子生物学诞生的标志。

分子生物学，是从分子水平上研究生命现象与物质基础的学科。通过研究生物大分子（核酸、蛋白质）的结构、功能和生物合成等方面来阐明各种生命现象的本质。研究内容包括各种生命过程，比如光合作用、发育的分子机制、神经活动的原理、癌的发生等。

当前，分子生物学是生物学的前沿，其主要研究领域包括蛋白质体系、蛋白质-核酸体系（中心是分子遗传学）和蛋白质-脂质体系（即生物膜）。

孟德尔定律的重新发现

1900 年，来自荷兰的德·弗里斯、德国的科伦斯、奥地利的切尔马克同时独立地“重新发现”了孟德尔定律。1900 年，成为遗

传学史乃至生物科学史上划时代的一年。从此，遗传学进入了孟德尔时代。

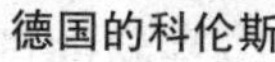

德国的科伦斯　　荷兰的德·弗里斯　　奥地利的切尔马克

德·弗里斯在他的《细胞内泛生论》一书中明确地表明了他的观点，即遗传被分割成单位性状，每个单位性状独立地遗传。他还拟订了试验计划。

由于他同时从事生理学实验研究，所以直到 1892 年才认真地开展杂交试验。开始时采用的是麦瓶草、罂粟、月见草等植物，1894 年他在 536 株 F2 代麦瓶草中发现 392 株有毛，144 株无毛。1895 年他在罂粟 F2 代杂种中发现花瓣有黑斑的 158 株，有白斑的 43 株。1896 年他发现白斑罂粟是纯一传代。他在这些年中的其他试验也都证实了这些发现。1899 年秋，德·弗里斯在 30 种以上的物种和变种中观察到明显的分离现象。最后他认为，对应性状的分离遵从某种一般的规律并认为有充分理由发表这些结果。

1900 年 3 月，他在几个星期之内先后写出了三篇文章记述其发现，两篇寄往巴黎科学院，准备在 1900 年 3 月 26 日的会议上宣读；一篇寄往德国植物学会。

德·弗里斯曾说过他是在 1892 年出版的一篇文章的参考文献中发现孟德尔的文章名录，他显然是在 1892 年以后的几年中参考过上述的那篇文章并促使他阅读孟德尔的原文。毫无疑问，他在那时就已经知道分离比值（我们现在将之解释为 3∶1 比值）以及隐性

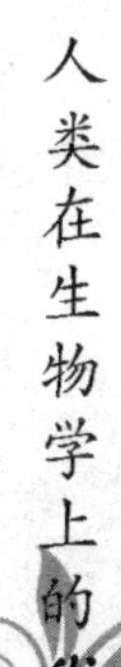

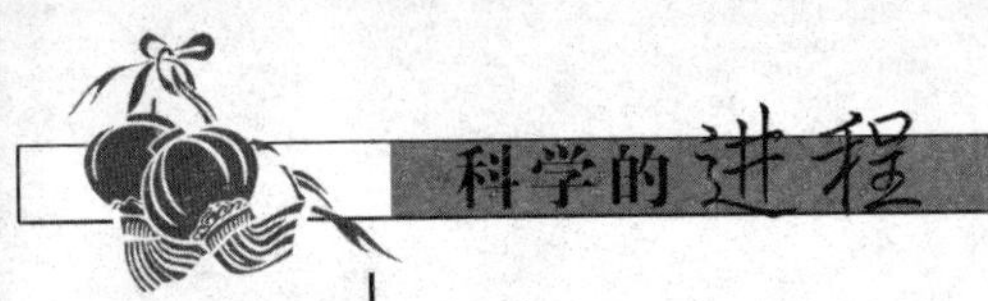

的纯一传代，但是这并不一定意味着这些发现会促使他放弃他原先的错误观念。就像19世纪80年代的所有其他研究者一样，德·弗里斯原来认为性状可能是由多重微粒控制的，像394 :144，158 :34，或77.5% :22.5%这样的一些比值对相信复制因子决定性状的人来说毫无意义。在运用比值时，德·弗里斯指的是2 :1或4 :1。

读了孟德尔的文章，是否促使他放弃他原先的学说并接受“来自每个双亲的一个因子决定个体性状”的孟德尔学说呢？我们将永远无法知道。既然如此，我们就必须接受德·弗里斯的说法：他是从他自己的试验“推论出”分离定律的，正像孟德尔从类似的试验结果得出他的学说一样。德·弗里斯专心致力于单位性状的试验性分析，的确非常接近于问题的解决，再前进一小步就能放弃他原先学说中的最后一个错误部分（泛子的经常复制）。然而贝特森在读到德·弗里斯的文章以前，虽然有大量的孟德尔式的比值也没有作出孟德尔那样的解释。

德·弗里斯发现孟德尔已经领先，显然很沮丧，这可能是他不再去探索他的发现所具有的更深刻的遗传后果而转向从进化角度阐释进化突变的一个原因。物种形成似乎一向是他主要关心的问题。德·弗里斯显然认为孟德尔遗传只是多种遗传机制之一，否则就无法解释他在给贝特森信中所说的“就我看来，越来越清楚的是，孟德尔学说是杂交普遍规律的一个例外”。因此，他多少舍弃了孟德尔学说而去研究他认为对进化更为重要的其他形式的遗传。

有三点理由表明，德·弗里斯将永远是遗传学史上值得纪念的伟大学者：他独立于孟德尔提出了将个体之间的差异分割成单位性状的观点；他首先在一大群各式各样的植物中证实了孟德尔分离现象是存在的；他发展了遗传单位的突变性概念。

因此，他绝不止只是孟德尔的发现者之一。当然德·弗里斯比孟德尔更占有优势，他能运用当时的细胞学研究新成果来发展他的学说。当孟德尔明智地规避了对遗传“因子”本质即其物质基础的

探究时，德·弗里斯却将之与重新定义了的达尔文的泛子联系起来。就遗传现象而言，德·弗里斯综合了达尔文与孟德尔。

孟德尔遗传的第二位重新发现者科仑斯的情况就简单得多。他曾说过孟德尔的分离学说是他（在 1899 年 10 月的一天）醒着躺在床上等天亮时突然“像闪电似的”进到了他的脑海里。他那时正忙于别的研究，只是在几个星期之后才读过孟德尔的论文。当他收到德·弗里斯的法国（巴黎）科学院文章的复印本时（1900 年 4 月 21 日）他才将他的试验结果写成文章并在德国植物学会 4 月 27 日的会议上宣读，随后大约在 5 月 25 日出版。科仑斯从一开始就不认为他在重新发现孟德尔上起了重要作用，在他的一份通报的标题中就用的是“孟德尔定律”。他认为就他自己来说“重新发现这些定律所费的智力劳动比之孟德尔是大大减轻了”。

第三位一直被认为是重新独立发现孟德尔定律的人是奥地利植物育种家切尔马克，他确实见过孟德尔的文章，但在他于 1900 年发表的文章中表明他并不了解孟德尔遗传的基本原理，然而他在引导植物育种家注意孟德尔遗传学的重要意义上却起了积极作用。

为什么很多早期的孟德尔主义者恰巧都是植物学家（孟德尔、德·弗里斯、科仑斯、切尔马克、约翰逊）这个问题从来也没有解释清楚，也许在园艺植物和其他栽培植物中更具有选育变种的传统，因为植物比动物更容易培养和育种，叶、花可能比羊、牛、猪等家畜具有更多的不连续性状。动物育种家所研究的大多数性状都是高度多基因性的，根本不宜于进行简单的孟德尔式分析。

他们都认为孟德尔是发现分离和自由组合规律的第一人，而他们只不过是对孟德尔的结论作了一次证实而已。

这真是科学家谦虚而诚实的美德。要是没有他们的发现，孟德尔的名声可能还要伴随他的躯体一直埋没下去，如果没有他们的工作，孟德尔的结论还不可能具有现在这样的理论意义。应该说，他们不仅证实了孟德尔的结论，而且修正、补充了孟德尔的假说。

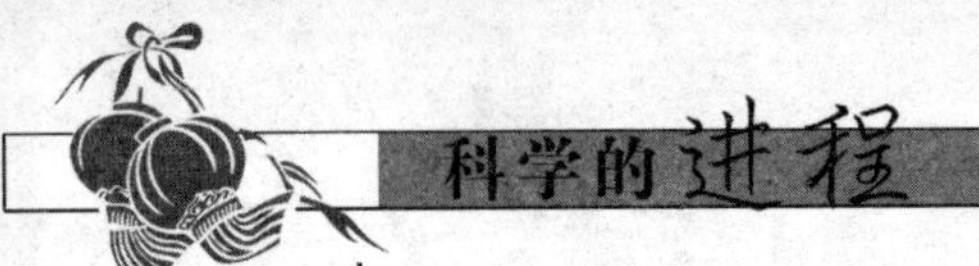

1900 年是孟德尔的工作被重新发现的一年。自此以后，遗传学研究领域内的万马齐喑的沉闷局面被打开了。有人说：“从热力学的两大法则可以演绎出全部热力学，从麦克斯韦公式可以演绎出全部电动力学，从孟德尔定律可以演绎出全套进化学理论与数量性状遗传学。”

可是，由此开始，孟德尔的结论也面临着大量的挑战。譬如说，孟德尔假定的因子（基因）在哪里？一个性状只是由一对等位基因所决定的吗？一对等位基因只决定一个性状吗？等等问题都被提出来了。这一连串发人深省的问题又激励着探索者们，在崎岖小道上攀登，同时也一次又一次地考验着孟德尔的假定。

人类的 A、B、O 血型

1900 年，奥地利细菌学家兰德施泰纳发现了人类的 A、B、O 血型，建立了血液分类学的基础。

兰德施泰纳，1868 年生于奥地利维也纳巴登。1891 年，兰德施泰纳在维也纳大学获医学博士学位。在学习期间，血液问题就引起了他的研究兴趣，他发表了一篇食品对血的成分的影响的论文，他认为血是一种“特别的汁”。毕业后兰德施泰纳在国外待了 5 年，这段时间里他在苏黎世、维尔茨堡和慕尼黑的实验室里工作。1896 年，他回到维也纳，成为卫生研究所里的助手。他在那里研究免疫的原理和抗体的实质。1898 年，兰德施泰纳在维也纳大学研究病理解剖，输血问题引起了他的特别关注。

科学史记载：在 17 世纪 80 年代的英国，有位医生曾经给一个生命垂危的年轻人输羊血，奇迹般地挽救了他的生命，其他医生纷纷效仿，结果造成大量受血者死亡。

19 世纪 80 年代，北美洲的一位医生给一位濒临死亡的产妇输

人血，产妇起死回生。医学界再次掀起输血医疗热，却带来惊人的死亡。

兰德施泰纳有心解决输血面临的高死亡问题，1900 年，他把每个人的红细胞分别与别人的血清交叉混合后，发现有的血液之间发生凝集反应，有的则不发生。他认为凡是凝集者，红细胞上有一种抗原，血清中有一种抗体，如抗原与抗体有相对应的特异关系，便发生凝集反应。如红细胞上有 A 抗原，血清中有 A 抗体，便会发生凝集。如果红细胞缺乏某一种抗原，或血清中缺乏与之对应的抗体，就不发生凝集。

兰德施泰纳

正是根据这个原理他发现了人的 A、B、C（后改称 O）三种血型。后来他又把不同人的红细胞分别注射到家兔体内，在家兔血清中产生了 3 种免疫性抗体，分别叫做 M 抗体、N 抗体及 P 抗体，用这 3 种抗体，又可确定红细胞上 3 种新的抗原。这些新的抗原与 A、B、O 血型无关，是独立遗传的，是另外的血型系统，而且 M、N 与 P 也不是一个系统。控制不同血型系统的血型基因在不同的染色体上，即使在一个染色体上，两个系统的基因位点也相距甚远，不是连锁关系，因此是独立遗传的。

后来，兰德施泰纳的两个学生又发现了第四组，即 AB 组。数年后，兰德施泰纳等人又发现了其他独立的血型系统，如 MNS 血型系统、Rh 血型系统等。

1909 年，兰德施泰纳可以分辨出 A、B、AB 和 O 四种主要的血型。他认识到同样血型的人之间输血不会导致血细胞被摧毁，但不同血型之间输血会导致凝结。

血型的发现开创了免疫血液学、免疫遗传学等新兴学科，对临床输血工作具有非常重要的意义。血型系统也曾广泛应用于法医学以及亲子鉴定中，但已经逐渐被更为精确的基因学方法所取代。

今天我们知道，AB 型的人可以接受所有其他血型的血，而 O 型的人可以为所有其他人输血。1930 年，兰德施泰纳由于这个重大发现而获得诺贝尔生理学或医学奖。

性染色体的发现

1900 年英国科学家麦克伦发现了性染色体，1956 年华裔瑞典科学家庄有兴通过性染色体揭示了生男育女的奥秘，证明了染色体对遗传所具有的重要性。

关于生男生女，古今中外都有很多说法，但这些说法都缺乏科学的依据，经不起实践的检验。

直到 1900 年，英国科学家麦克伦，在直翅目昆虫中发现了性染色体，并把性别的决定与性染色体的遗传首次联系起来，提出“副染色体”或“额外染色体”，标记为 X 的染色体，并决定着性别的假说，指出这种 X 染色体若与 Y 染色体结合即产生雄性后代；若与另一个 X 染色体结合便会产生雌性后代。至此，性别是怎样决定的问题有了科学的依据。

1956 年，华裔学者庄有兴和他的同事利文用人胚肺细胞为材料，观察得出的结论是：人类染色体数目是 46 条。他们没有贸然发表自己的结果，同年，福特和哈默尔顿的实验观察，也证实人类染色体数目是 46 条，庄有兴和利文这才发表了自己的结果，并明确指出：人类每个细胞有 46 条染色体，46 条染色体按其大小、形态配成 23 对，第一对到第二十二对叫做常染色体，为男女共有，第二十三对是一对性染色体。女性性染色体是两条 X 染色体，而男

性是X染色体和Y染色体各一条。精子和卵子的染色体上携带着遗传基因，上面记录着父母传给子女的遗传信息。同样，当性染色体异常时，就可形成遗传性疾病。男性不育症中因染色体异常引起者约占2%~21%，尤其以少精子症和无精子症多见。

确立孟德尔定律的细胞学基础

1900年，美国科学家萨顿确立了孟德尔定律的细胞学基础。

自从遗传学上提出孟德尔定律之后，细胞学家们都激动起来，他们从自己的专业出发，一下子就看到了孟德尔所说的因子（基因）的行为和染色体行为的相似点。

萨顿在1904年指出：染色体和基因一样，是成对存在的，成对染色体的两个成员和成对基因的两个成员都相一致，它们都是一个来自父方，一个来自母方。在生殖细胞里，染色体的数目刚巧是身体细胞中的一半，基因也是这样。成对的染色体和成对的基因一样，在细胞分裂中都是独立地分开的；染色体和基因都能产生与自己一模一样的复制物（复本或副本），等等。

当萨顿指出了基因和染色体的许多共同处之后，细胞学家的情绪非常激动，莫非基因就是染色体？萨顿的信心很足，他指出：如果假定基因坐落在染色体上，那么用减数分裂和受精过程中的染色体行为，就可以完满地解释孟德尔的两条定律了。

萨顿认为，所谓等位基因，实质上就是同源染色体上的相同位点。如果假定决定豌豆圆形的一对等位基因RR位于某一对同源染色体上，决定种子为皱缩的那对隐性基因rr就位于相应的同源染色体上。纯种圆豌豆的生殖细胞中，必有一条带有R基因的染色体，皱豌豆的生殖细胞中有一条带r基因的染色体。当这两种纯种豌豆杂交时，这两种配子结合成的杂种，每个细胞都有一条带R基因的

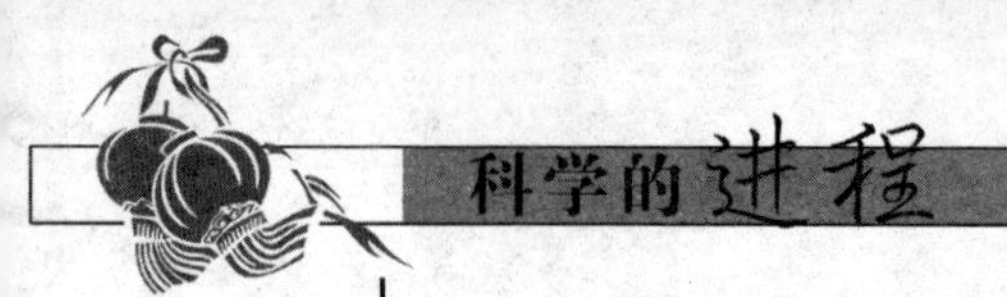

染色体和一条带 r 基因的染色体。杂种进行减数分裂再度形成生殖细胞时，就会形成两种类型的生殖细胞，一类含带有 R 基因的染色体，另一类含带有 r 基因的染色体。这两种类型的雌雄配子自由结合所产生的杂种二代个体中，有一类的染色体类型是两条同源染色体上都带有 R 基因，约占 F2 总数的 1/4，另一类的染色体类型是两条同源染色体上都带有 r 基因，约占 F2 总数的 1/4，还有 2/4 的杂种个体的染色体类型是一条带 R 基因，另一条带 r 基因。杂种二代中的圆与皱呈 3 ∶1 的分离，这就是孟德尔第一定律的细胞学解释。

同理，假定黄与绿的基因在另一对同源染色体上，那就可用减数分裂和受精过程中的染色体行为来说明孟德尔第二定律了。

萨顿用染色体行为具体而形象地解释了孟德尔的两条定律，这在一定程度上可以肯定基因就是染色体了。

可是，在细胞学研究中，证明每种生物细胞中的染色体数目是有限的，而每种生物的性状却又是成千上万的。如果染色体就是基因，那就无法解释为什么少量的染色体可以决定成千上万的性状。这个矛盾如何解决？是发展的动力还是破坏因素？既然一条染色体代表一个基因不行，那就干脆假定一条染色体上聚集着很多基因吧！这个假定终于使矛盾得到了解决。

萨顿用减数分裂和受精过程中的染色体行为，完满地解释了孟德尔的遗传假说，这个解释后来又被摩尔根证明是完全正确的。因此，萨顿的这个解释被称为遗传的染色体学说。

条件反射学说

1902 年，俄国生理学家、高级神经活动学说的创始人巴甫洛夫提出了条件反射学说。

1849 年巴甫洛夫出生在俄国中部小城梁赞，他的父亲是位乡村牧师，1864 年中学毕业后进入梁赞教会神学院，准备将来做传教士。19 世纪 60 年代，俄国一些伟大的革命民主主义者赫尔岑、别林斯基、车尔尼雪夫斯基等与社会生活和科学上的反动思想进行着艰苦卓绝的斗争。在此期间他知道了达尔文的进化论，并受到当时著名生理学家谢切诺夫 1863 年出版的《脑的反射》一书影响，对自然科学发生了兴趣，逐渐放弃了神学。

1870 年巴甫洛夫考入圣彼得堡大学，先进法律系，后转到物理数学系自然科学专业。谢切诺夫当时正是这里的生理学教授，而年轻的门捷列夫则是化学教授。巴甫洛夫在大学的前两年表现平常，在大学三年级时上了齐昂教授所开授的生理学，对生理学和实验产生了浓厚兴趣，找到了所要主修的学科，从此投入到了生理学的研究中去。为了使实验做得得心应手，他不断练习用双手操作，渐渐的相当精细的手术他也能迅速完成，齐昂老师很欣赏他的才学，常常叫他做自己的助手。在齐昂的指导下，1874 年，他和同学阿法纳西耶夫完成了第一篇科学论文《论支配胰腺的神经》，获得了研究金质奖章。

巴甫洛夫

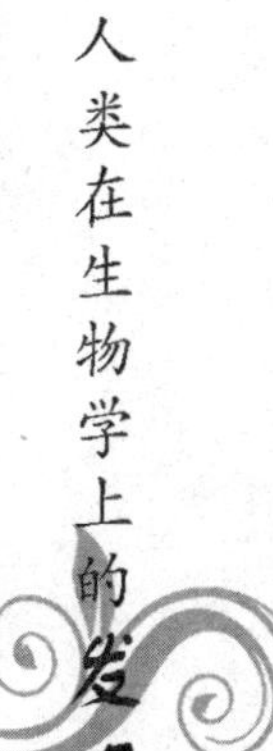

因为在生理学上投入的时间太多，大学最后一年，他主动要求留级。1875 年，巴甫洛夫获得了生理学学士学位，而后进入外科医学学院攻读医学博士学位，以使将来有资格去主持生理学讲座，在此期间成为了自己老师的助教。1878 年，他应俄国著名临床医师波特金教授的邀请，到他的医院主持生理实验工作。

从 1878 年至 1890 年，巴甫洛夫重点研究血液循环和神经系

统作用的问题，当时，神经系统对于许多器官的支配作用和调节作用还没有被人们清楚地认识。在极为恶劣的工作条件下，巴甫洛夫坚持研究，他发现了胰腺的分泌神经。不久，他又发现了温血动物的心脏有一种特殊的营养性神经，这种神经只能控制心跳的强弱，而不影响心跳的快慢。科学界人士把这种神经就称为“巴甫洛夫神经”。巴甫洛夫自此开辟了生理学的一个新分支——神经营养学。1883 年，巴甫洛夫完成了《心脏的传出神经支配》的博士论文，由此获得了帝国医学科学院医学博士学位、讲师职务和金质奖章。

1884—1886 年期间，巴甫洛夫赴德国莱比锡大学路德维希研究室进修，继续研究心脏搏动的影响机制。此时，他提出心脏跳动节奏与加速是由两种不同的肌肉在进行，而且是由两种不同的神经在控制。

1886 年，他自德国归来后重回大学实验室，继续进行狗的“心脏分离手术”。1887 年，他逐渐将研究的方向转向人体的消化系统。从 1888 年开始，巴甫洛夫对消化生理进行实验研究。

他通过研究狗产生唾液的种种方式揭示了一些学习行为的本质。巴甫洛夫注意到狗在嚼吃食物时淌口水，或者说分泌大量的唾液，唾液分泌是一种本能的反射。巴甫洛夫还观察到，较老的狗在没有受到食物的刺激之前，一看到食物就淌口水，也就是说，只是视觉就可以使狗产生分泌唾液的反应。

为了计量狗在实验期间分泌唾液的量，他为每一只参加实验的狗都做了一个小手术，即改变了一条唾腺导管的路线，唾液通常是通过一条唾腺经过导管流入狗的口腔的，巴甫洛夫改变了这条导管的线路，使它通到体外。这样，就可以接取和计量由导管滴出的唾液。待狗的伤口愈合后，巴甫洛夫便开始实验。他每次给狗吃肉的时候，狗即流口水，而且看到肉就流口水，这说明狗是健康的，具有流涎反应。

此后，巴甫洛夫每次给狗吃肉之前总是按蜂鸣器。于是，这声音就如同让狗看到肉一样，也会使他们流下口水，即使蜂鸣器响过后没有食物，亦如此。不过，巴甫洛夫发现，他不能无休止地连续欺骗这些狗。如果蜂鸣器响过后不给食物，狗对该声音的反应就会愈来愈弱，分泌的唾液一次比一次少。但是，假如不是连续数天的实验，他们还会对蜂鸣器的声音做出流涎的反应，然而已经不像先前那么多了。

巴甫洛夫从实验中得出结论，几种不同的刺激都能跟蜂鸣器一样起同样的反应。例如，不论是打铃还是轻微的点击，只要与食物结合起来，就会使狗“遵命”流口水。

1900 年，巴甫洛夫将狗对食物之外的无关刺激引起的唾液分泌现象，称之为条件反射。所谓条件反射，是指在某种条件下，非属食物的中性刺激也与食物刺激同样引起脑神经反射的现象。

巴甫洛夫的另外一个实验是给狗喂食的同时吹哨子，重复多次以后，狗一听到哨声就分泌唾液，不过狗对各种哨声——响亮的、微弱的、高音的、低音的都起同样的反应，似乎不同的哨音在他们听起来没有什么区别。然后，实验员使用几种哨子，但是只吹一个特定的哨子才给肉吃，不久，这些狗就只对给他们带来食物的哨子声有反应了。

巴甫洛夫称食物是无条件刺激，而铃声则是条件刺激。食物引起唾液分泌是无条件反射，是狗天生就有的；而狗听到铃声就分泌唾液乃是条件反射，是根本不存在的，连续刺激后才形成的。

条件反射就是：原来不能引起某一反应的刺激，通过一个学习过程，把这个刺激与另一个能引起反应的刺激同时给予，使他们彼此之间建立联系，即在条件刺激和无条件反应之间的联系。

条件反射是进化上最高级、最年轻的有机体适应环境的表现形式。如果说无条件反射是某种有机体全体成员具有的比较稳定的、天生的反应，那么条件反射则是有机体后天获得的，是有机体个体

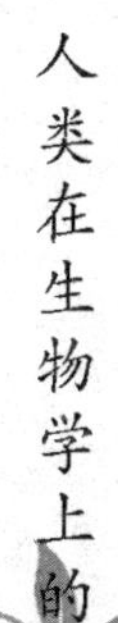

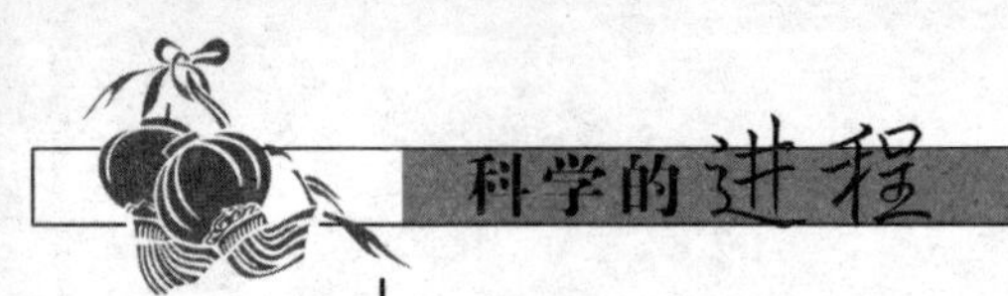

生活经验积累的结果。条件反射主要是由中枢神经系统的高级部分，对高等动物和人来说主要是由大脑两半球皮层实现的。无条件反射主要是由皮层下的神经组织实现的，巴甫洛夫并没有排除皮层下有形成条件反射的可能。条件反射和无条件反射是密切联系、协同工作着的。无条件反射不仅是条件反射形成的基础，而且也是遗传下来的先辈经验的集中表现，即遗传记忆的表现。

1904 年，巴甫洛夫因在消化生理学方面的出色成果而荣获诺贝尔生理学或医学奖，成为世界上第一个获得诺贝尔奖的生理学家。

巴甫洛夫所做工作的重要性是不可估量的。他的研究公布以后不久，一些心理学家，如行为主义学派的创始人华生，开始主张一切行为都以经典性条件反射为基础。虽然在美国这一极端的看法后来并不普遍，但在俄国以经典性条件反射为基础的理论在心理学界在相当长的时间内都曾占有统治地位。无论如何，人们一致认为，相当一部分的行为，用经典性条件反射的观点就可以作出很好的解释。

突变学说

1901 年，荷兰遗传学家德·弗里斯提出了突变学说，这一学说与达尔文的自然选择学说是完全对立的。

德·弗里斯 1848 年生于荷兰，是荷兰著名植物学家和遗传学家，曾任阿姆斯特丹大学教授，早年研究植物生理学，在渗透压方面成果卓著。他于 1873 年发表的两篇关于攀缘植物运动机制的笔录受到了达尔文的赏识，之后转向研究遗传学，是孟德尔定律的三个重新发现者之一。他根据进行多年的对月见草实验的结果，于 1901 年提出了生物进化的“突变论”，在历史上产生了重大影响，使许多人对达尔文的渐变进化论产生了怀疑。但后来的研究表明，

月见草的骤变是较为罕见的染色体畸变所致，并非进化的普遍规律。

德·弗里斯

需要指出的是，突变与变异是两个截然不同的概念。达尔文的变异一般是指物种在漫长的自然选择压力下，由于“适者生存”的原则而使自身遗传基因发生的某些有益于自身完善于生存环境的变化。突变则是指物种遗传基因在某些物理、化学、生物因素作用下，短期内发生的某些基因序列的变化。就人体而言，突变一般是有害的。

“黑尿症”和“白化病”

1902 年，英国医生伽洛特发现人类有一种遗传性的代谢疾病叫做“黑尿症”，随后，他又发现了“白化病”。

“黑尿症”其实一点也没有什么不健康，不过他们的尿液在空气中放置一段时期会变黑，而正常人的尿液是不会变黑的。当时伽洛特就知道这是由于一个隐性基因的缘故，并且知道尿液中变黑的东西是尿黑酸。尿黑酸是无色的，但在空气中氧化后就变黑。他把尿黑酸给正常的人吃下去，在正常人的小便中并没有尿黑酸。1914 年，德国生物化学家格洛斯研究了这种现象，证明是由于正常人的血液中有一种尿黑酸酶，能把尿黑酸转变成乙酰乙酸，而最后分解成二氧化碳。黑尿症病人血液中缺少这种酶，因此尿黑酸不能进一步转变，就直接从小便中排出来。这好像工厂中有一个工序不能进行，不能制成最后的成品（二氧化碳），只好把半成品（尿黑酸）送出厂去。

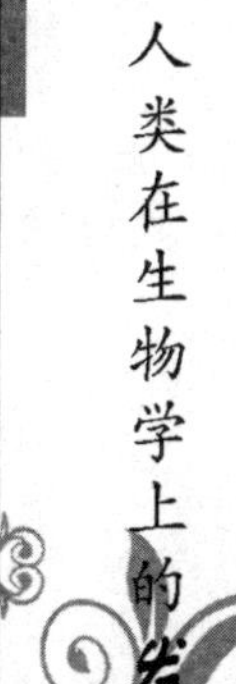

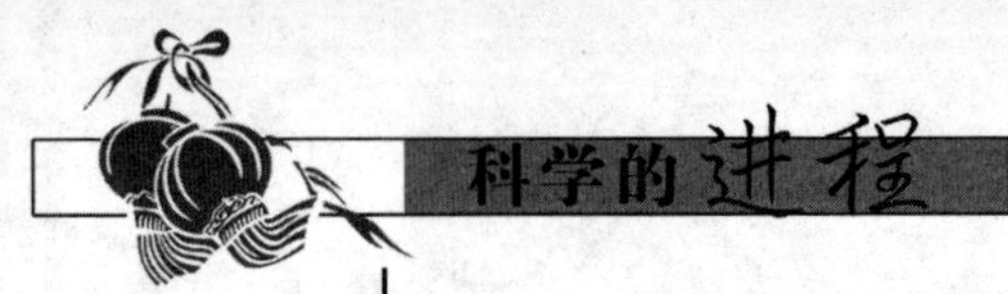

这是人们第一次把基因与酶联系起来。如果把“黑尿症基因”写成 K，黑尿症病人的基因型是 KK。一定要有 K 基因才能有尿黑酸酶，才能不患黑尿症。

同时，伽洛特发现“白化病”也是由于同样的原因产生的。正常人有 A 基因，才有酪氨酸酶，能把酪氨酸变成黑色素。“白化病”人的基因型是 AA，没有 A 基因，就没有酪氨酸酶，不能制造黑色素，因此皮肤和毛发一点黑色素也没有。

每一种氨基酸的代谢都包括好几个步骤，每一个步骤都要依靠一种酶来进行，而每一种酶要有一个一定的基因才能形成。

一个基因好像是一部机器（酶）的蓝图，没有蓝图就造不出这种机器（酶），就完不成这一道工序，半成品就在这一步停顿下来。

现在我们知道，一个基因不管影响什么性状，不管影响多少性状，归根到底只是影响一种酶——这就是“一基因一酶假说”。

基因决定酶，酶决定代谢作用，代谢作用决定各种性状——基因与性状发育的关系，简单讲来就是如此。

“纯系学说”

1902 年，丹麦遗传学家约翰森提出遗传学中的“纯系学说”。

1900 年，丹麦遗传学家约翰森将 8 000 克，近 16 000 粒天然混杂的同一菜豆品种的种子，按单粒称重，平均每粒种子重 495 毫克。1901 年选出轻重显著不同的 100 粒种子分别播种，成熟后分株收获，测定每株种子的单粒重，从中挑选由 19 个单株后代构成的 19 个纯系，它们的平均粒重有着明显的差异，轻者 351 毫克，重者 642 毫克。

1902—1907 年，连续 6 代在每个纯系内选重的和轻的种子分别播种，发现每代由重种子长出的植株所结种子的平均粒重，都与由

轻种子长出的植株所结种子的平均粒重相似；而且各个纯系虽经6代的选择，其平均粒重仍分别和各系开始选择时大致相同。

这说明在纯系内选择是无效的。但经过6代的选择后，各个纯系之间的平均粒重仍保持开始选择时的明显差异，这说明各纯系间平均粒重的差异是稳定遗传的，也说明了在混杂的群体内进行选择的有效性。

1903年，约翰森提出一个新的遗传学说——“纯系学说”。该学说认为由纯合的个体自花受精所产生的子代群体是一个纯系。在纯系内，个体间的表型虽因环境影响而有所差异，但因其基因型相同，因而选择是无效的；而在由若干个纯系组成的混杂群体内进行选择时，选择却是有效的。

约翰森在纯系学说中正确区分了生物体的可遗传变异（纯系间的粒重差异）与不遗传变异（纯系内的粒重差异），并提出“纯系内选择在基因型上不产生新的改变”的论点，为自花授粉植物的纯系育种建立了理论基础。育种中应用的植物自交系和动物近亲繁殖系也是根据这个学说发展起来的。

然而在植物界，即使是严格的自花授粉植物，纯系的保持也只是相对的。因为在任何一个纯系内，都存在着由于基因突变而导致某种性状发生变异的可能性，而变异的出现就使纯系内的选择成为有效。约翰森本人似乎也意识到这一点，因为他曾提到“不应含有纯系将是绝对稳定的这样的意思”。在他生前发表的最后著作中，还指出“在纯系的某一后代中当基因型发生改变时，纯系可能分裂为几种基因型”。

荷尔蒙的发现

1905年，英国的生理学家斯塔林和贝利斯发现了一种无管腺体

分泌物，取名为荷尔蒙。

斯塔林1866年生于伦敦，曾研究跨毛细血管壁的液体平衡、内分泌的调节作用和心脏功能的机械调节等。1882年入伦敦盖伊医院医学院学习，1889年获医学学士学位，1885年夏季在海德堡的屈内实验室工作，1890年在大学学院谢弗实验室兼职，这段经历对他否定经验主义，形成以生理学为基础的思想产生了很大的影响。1899年任大学学院教授。第一次世界大战期间到希腊服役，战后继续研究循环生理。晚年健康不佳但仍坚持科学研究直至逝世。

贝利斯1860年生于英格兰斯塔福德郡温斯伯里，是内分泌学的奠基人之一，在消化生理、循环生理、普通生理学方面颇有建树。他1882年获伦敦大学科学学士学位，1888年在牛津大学瓦特哈姆学院获生理学博士学位，此后一直在伦敦大学学院任职，1912年升为普通生理学教授。第一次世界大战期间，在皇家学会研究创伤性休克。1917年曾赴法国前线服务。他于1890年被选为英国生理学会会员并任过秘书和司库。1903年被选为英国皇家学会会员、常任理事，还被选为丹麦与比利时皇家科学院院士、巴黎生物学会会员，并应邀访问过美国。自1911年以来，先后荣获过英国皇家勋章、巴利勋章、科普利勋章。1922年，斯塔林被英国政府封为爵士。

斯塔林和贝利斯在大学学院即开始了两人的终生合作。斯塔林活跃、急躁、有时不切实际，其实验往往设计简单，有时实验结果不能充分支持其论点，但他善于对资料与观点进行有意义的综合概括；而贝利斯博学、谨慎、注重科研方法。他们的合作取长补短，成绩卓著；他们使传统生理学的面貌发生了巨大改变，其影响遍及生理学和医学的数个领域。

他们用化学及物理学原理说明生理学问题，设计的动物实验技术也影响很大。最初主要研究淋巴液生成，提出毛细血管内压与渗透压之间的平衡（后被称为“斯塔林平衡”）。

1902 年他们发现肌反射、证明十二指肠受盐酸刺激可产生促胰液素，促胰液素进入血循环到胰脏，促进胰液分泌。这是第一个被认识的激素，他们由此提出了机体功能受体液调节的新概念，开辟了内分泌学研究的新领域。

1903 年，他们阐明了轴索反射，同年还发现了胰蛋白酶原在小肠内被肠激酶激活的现象。这些发现对消化生理学的发展产生了重要影响。

1905 年他们将内分泌腺产生的化学物质称为“激素（hormone）”，音译为荷尔蒙。该词源于希腊文，意思是“激活”，是人体内分泌系统分泌的能调节生理平衡的激素的总称。各种荷尔蒙对人体新陈代谢内环境的恒定，器官之间的协调以及生长发育、生殖等起调节作用。它不但影响一个正常人的生长、发育及情绪表现，更是维持体内各器官系统均衡动作的重要因素，它一旦失衡，身体便会出现病变。一个人是否能达致身心健康，荷尔蒙起着举足轻重的作用。

后来他们又将兴趣点转到心脏生理，将狗的心肺摘出体外，并保持其肺循环及冠状动脉供血（心肺制备）以进行观察。1915 年提出“心脏定律”，说明心脏的收缩力是收缩前心肌纤维长度的函数。又曾用心肺制备灌流离体肾脏，研究排泄功能。

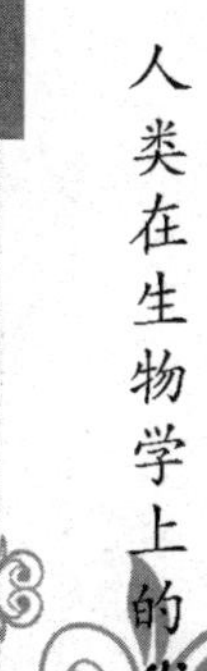

“魔术子弹”606

1909 年，在日本科学家秦佐八郎的协助下，有“化学疗法之父”之称的德国科学家埃尔利希发现了能治疗梅毒的“魔术子弹”606。

埃尔利希 1854 年生于德国西里西亚的斯特雷伦，1878 年毕业于莱比锡大学并获医学博士学位，后任教于柏林大学医学院附属医院。1890 年在科赫领导的传染病研究所任职，在这里他首次提出了白细胞按所含颗粒染色特性进行分类的方法并发明了结核菌的抗酸染色。1890年后研究免疫问题，帮助贝林生产白喉抗血清，设计单位测定抗毒素量的方法，随后提出创侧链学说，研究动物血清的溶血反应并提出“补体”一词。

晚年的埃尔利希专心研究利用化学药物治疗传染病，这是由于在19世纪70年代，埃尔利希在医学院求学期间，对细胞的观察在德国进入了黄金时代，这得益于德国两大工业的发展：一个是德国的光学工业，制造出了越来越精良的光学显微镜；一个是德国的染料业，细胞学家们尝试了种种染料，试图使不同的细胞、细胞的不同结构能不同程度地被染色，以便能在显微镜下区分开来。

埃尔利希

埃尔利希从那时起对染料着了迷。他一开始研究的是如何用不同的染料让不同的细胞着色，包括通过染色在显微镜下分辨出入侵人体的病原体，用以诊断疾病。他曾经给自己的唾液染色发现自己得了肺结核。很快地，他想到染料还可以有更直接的医疗用途：如果染料能够特定地附着在病原体上，而不附着人体细胞，那么我们是否也能从染料中发现药物，它只攻击病原体，而不攻击人体细胞，因此对人体无副作用呢？埃尔利希将这种药物称为“魔术子弹”。寻找“魔术子弹”成了他最大的梦想。

1899年，他被任命为新成立的法兰克福实验医疗研究所所长后，开始带领一批人去实现这个梦想。埃尔利希一开始想要攻克的是“非洲昏睡症”，当时人们刚刚发现这种传染病的病原体是锥体虫，而锥体虫也能感染老鼠，因此可以用老鼠试验药物。

1904 年，埃尔利希发现有一种红色染料——后来被称为“锥红”——能够杀死老鼠体内的锥体虫，可惜人体临床试验的效果不佳，因此他开始寻找新的染料。

此前，有一位英国医生发现染料“阿托西耳”（学名氨基苯胂酸钠）能杀死锥体虫治疗昏睡症，但是有严重的副作用——阿托西耳会损害视神经导致失明。埃尔利希想到，能不能对阿托西耳的分子结构加以修饰，保持其药性却又没有毒性呢？当时化学家已测定了阿托西耳的分子式，它只有一条含氮的侧链，表明它难以被修饰。但是埃尔利希相信这个分子式搞错了，它应该还有一条不含氮的侧链，这样的话就可以对它进行修饰，合成多种衍生物进行实验。埃尔利希的助手们并不赞成埃尔利希的直觉，有的甚至拒绝执行埃尔利希的指导当场辞职。

但是实验结果表明埃尔利希的猜测是正确的。助手们合成了千余种阿托西耳的衍生物，一一在老鼠身上实验。有的无效，有的则有严重的毒副作用，只有两种似乎还有些前途：编号为“418”和“606”的衍生物，但是进一步的实验表明后者并没有效果。恰好在这时，梅毒的病原体——密螺旋体被发现了，而且，一位年轻的日本细菌学家秦佐八郎找到了用梅毒螺旋体感染兔子的方法。埃尔利希邀请秦佐八郎到其实验室工作，让他试验“418”和“606”是否能用于治疗梅毒。1909 年，秦佐八郎发现“418”无效，而“606”能使感染梅毒的兔子康复。随后举行的临床试验结果也表明“606”是第一种能有效地治疗梅毒的药物，因此很快被推向市场。

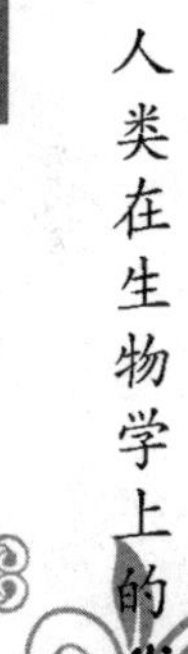

这是第一个通过对先导化合物进行化学修饰，以达到最优化的生物活性的有组织、有目的的尝试，埃尔利希开创了化学治疗的先河。1910 年 606 上市，商品名 Salvarsan，这是第一个治疗梅毒的有机物，相对于当时应用的无机汞化合物是一大进步。

1912 年，溶解性更好，更易操作，但疗效稍差同为砷化合物的 914 上市。20 世纪 40 年代，由于青霉素的发现，才取代了砷剂治

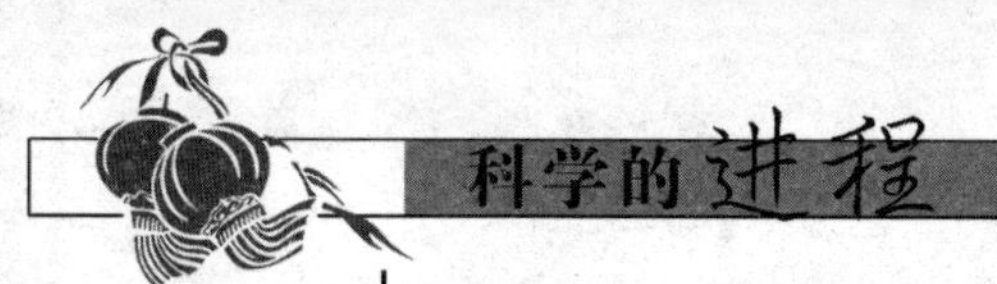

疗梅毒的地位。国际禁止使用606的原因总结为一句话就是副作用太大，同时由于抗生素的发现，有了更加安全有效的药物治疗梅毒，因此不再使用606和914。

作为第一种抗菌类化学药物的发明者，埃尔利希因此被公认为化学疗法之父。

染色体的遗传机制

1910年，美国生物学家与遗传学家摩尔根，通过研究果蝇的伴性遗传，发现了染色体的遗传机制，创立了染色体遗传理论，提出了遗传学第三定律——连锁交换定律。

摩尔根于1866年出生在美国肯塔基州列克星敦的一个名门望族之家。有意思的是，成名后的摩尔根常对好友说自己诞生于1865年：一是因为他的母亲是在这一年的年底怀孕的，从一个生物学家的角度来说，一个新生命的诞生应从卵子受精算起；二是因为这一年孟德尔提出了关于遗传的基本定律，而摩尔根正是继承了孟德尔所开创的遗传学说，并将其发展成为现代经典遗传学理论，他好像就是为了接孟德尔的班而来到了这个世界。

摩尔根的父亲曾经担任过美国驻外领事，他母亲的祖父弗朗西斯·斯科特是美国国歌《星条旗》的词作者。摩尔根从青少年时代起，就表现出了其卓尔不群的个性。

1886年，摩尔根以优异的成绩从肯塔基州立大学毕业，并获得动物学学士学位，并于同一年考入了霍普金斯大学的研究院做研究生。

1890年，摩尔根写出了《论海洋蜘蛛》的论文，他研究了四种水中无脊椎动物，比较它们的形态变化，确定了它们的种属。因为这篇论文，摩尔根获得了博士学位和布鲁斯研究员的席位。

摩尔根从1904年开始研究果蝇的胚胎发育，到1909年，在他饲养的果蝇群中，突然出现了一只白眼果蝇。这只白眼果蝇促使他改变了研究方向，把兴趣转向了研究果蝇的遗传。

摩尔根饲养的果蝇原来都是野外生长的，眼睛全是红色，因此，凡是红眼果蝇都称为“野生型”，突然在红眼蝇群中变出了一只白眼睛的雄果蝇，这只突然变来的白眼蝇就叫做“突变型”。摩尔根给这只突变型雄蝇，配上一只红眼处女蝇，这对果蝇在摩尔根特制的“蝇房”中“生儿育女”，当“子女”成熟时，它们的眼睛颜色全部像“母亲”，也就是都为红色，套用孟德尔的语言就可以说红眼是白眼的显性。

摩尔根

摩尔根继续让第一代红眼果蝇实行“同胞”婚配，产生的第二代中，除出现3/4红眼果蝇外，还出现了1/4白眼雄蝇。这样，摩尔根亲自设计和实施的果蝇杂交方案，得到的结果，与孟德尔在豌豆杂交试验中所得结果完全一致，这使摩尔根越发坚信孟德尔遗传定律。与此同时，对动物性别怀有浓厚兴趣的摩尔根，除了观察果蝇的红眼、白眼外，他还注意到了果蝇眼睛颜色与性别的关系。当他统计杂种二代的果蝇时，注意到了出现的白眼果蝇全部是雄蝇的事实。摩尔根抓住契机，继续试验。这次杂交试验用的亲本是杂种一代中的红眼雌蝇和突变而成的白眼雄蝇，杂交结果又与孟德尔曾做过的测交结果相同，即出现了一半红眼果蝇和一半白眼果蝇，当他进一步统计红眼和白眼果蝇中的性别时，却发现不论是红眼果蝇还是白眼果蝇，都是一半为雌蝇、一半为雄蝇。摩尔根对这次杂交试验中首次得到的白眼雌蝇也没有轻易

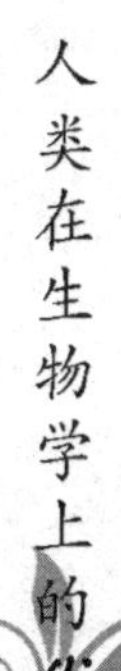

放过，按照他预先的计划，又给白眼雌蝇配上了红眼雄蝇，这一次婚配所产生的后代中，雄蝇全部为白眼，雌蝇全部为红眼，也就是出现了“父传女”、“母传子”这种交叉遗传现象。

摩尔根在进行了一系列的果蝇杂交试验后，全面地接受了孟德尔基因决定性状的假设和萨顿的基因在染色体上的推论，并根据自己和威尔逊对果蝇染色体的研究，正式提出自己的假定，那就是果蝇眼睛颜色的基因位于“X”染色体上。

什么叫“X”染色体呢？这个名词的发明者应属于德国的亨金。这位学者用切片法研究半翅目昆虫的减数分裂时，发现在精母细胞减数分裂后期，有一条染色体在向细胞一极移动时，处于落后状态，这位德国细胞学家对这个落后染色体的性质不大理解，就随便起了个“X 染色体”的名词，表示这是一种属于未知数的染色体。到 1902 年，美国的麦克郎第一次把“X 染色体”和昆虫性别作了联系，沿麦克郎的思路，许多细胞学家对各种昆虫进行了广泛的研究，终于在 1905 年由威尔逊证明，在半翅目和直翅目的许多昆虫中，雌性个体的细胞中，具有两套普通的染色体，叫“常染色体”，此外还有两个“X 染色体”；而雄性个体的细胞中也有两套常染色体，但只有一个“X 染色体”。若以符号 A 代表一整套常规染色体，则雌虫的染色体组成就可表示为 2A+2X，雄虫为 2A+X。由于威尔逊的这一发现，人们对于动物雌、雄性别，在外形还看不出来时，可以根据细胞中的“X”染色体的多少加以区别，这样一来，人们就把“X 染色体”称为性染色体了。

1908 年，史蒂芬斯发现，果蝇的性染色体与威尔逊证明的有点不一样，那就是雄果蝇的精母细胞中除了有一条 X 染色体外，还有一个和它同源的 Y 染色体，这种染色体呈钩形，比 X 染色体短。

威尔逊和史蒂芬斯与摩尔根不仅同在哥伦比亚大学任教，而且他们的实验也相互靠近，他们的发现，给摩尔根很大的启发和帮助。

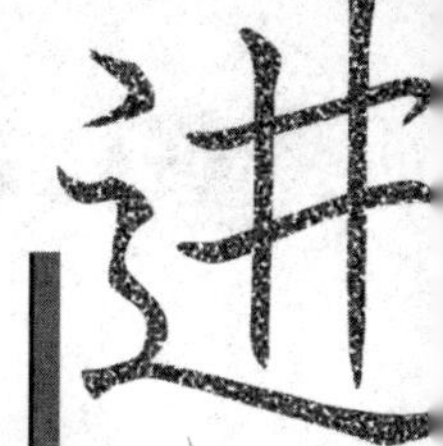

摩尔根把决定眼色的基因定位在 X 染色体上后，他进行了三组实验。

摩尔根进行的第一组实验是将红眼雌蝇和白眼突变雄蝇杂交，第一代的雌蝇和雄蝇全部是红眼蝇，而第二代则出现了两份红眼雌蝇，一份红眼雄蝇和一份白眼雄蝇，眼色性状的分离表现为 3（红）:1（白）。

摩尔根进行的第二组实验是将杂种红眼雌蝇与白眼雄蝇交配，得到的后代是一份红眼雌蝇，一份白眼雌蝇，一份红眼雄蝇和一份白眼雄蝇。

摩尔根进行的第三组实验是将白眼雌蝇与红眼雄蝇交配，则出现了后代是红眼雌蝇和白眼雄蝇的眼色遗传性状交叉的现象。

三组杂交实验的结果，全部得到了圆满的解释。

1911 年，摩尔根用同样的杂交试验方法，把几个基因一下子都定位在 X 染色体上，并提出了一条染色体上的基因互为连锁基因的概念。到 1912 年，摩尔根在 X 染色体上发现了 18 个基因，并且明确指出连锁基因有可能掉换位置。这样，摩尔根不仅从孟德尔假说的怀疑者转变为孟德尔假说的忠实信徒，而且把孟德尔的遗传假说与细胞里的染色体很贴切地联系起来了，更为重要的是提出了连锁基因和连锁基因交换的新观念，这个观念就是遗传学的第三定律——连锁交换定律。

1915 年，摩尔根与人合作，发表了《孟德尔遗传机理》一书。在这部划时代的著作中，摩尔根和他的同事们发展了孟德尔“遗传因子”的思想，总结了对果蝇的研究结果，用大量的实验资料证明染色体是遗传因子的载体，并且借助数学方法，精确确定遗传因子在染色体上的具体排列位置，为染色体-遗传因子理论奠定了可靠的基础。从此，遗传学中定性描述逐渐附属于定量的实验方法。

1916 年，摩尔根宣布说：“我们现在知道父代所携带的遗传因

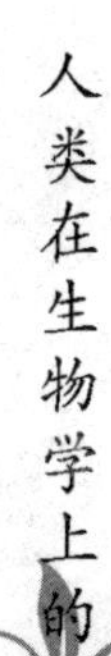

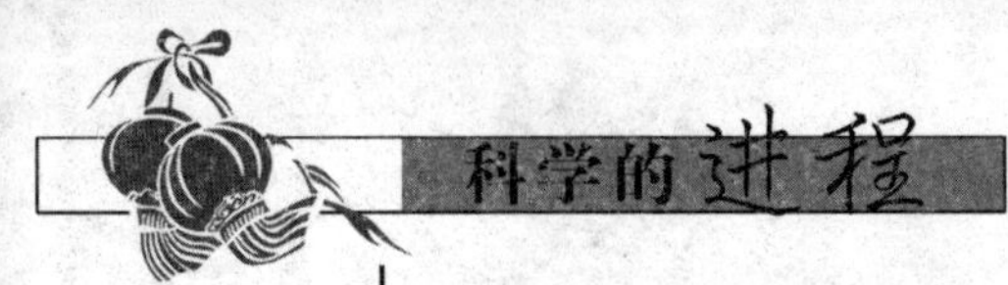

子是怎样进到生殖细胞里面去的。”

摩尔根证明这些遗传因子包含在一种叫做基因的东西里，而这些分别控制各种遗传特征的基因则在活细胞的染色体链中。

个体发育时，一定的基因在一定的条件下，控制着一定的代谢过程，从而体现在一定的遗传特征和特征的表现上。例如：其中有一些专管树叶和花的形状，有一些专管头发和眼睛的颜色，有一些则专管翅膀的长短等。

据此，摩尔根建立了染色体-基因理论。1917 年，摩尔根开始把遗传因子叫做基因。1928 年，摩尔根在其名著《基因论》一书里坚持染色体是基因的载体，提出了基因是否属于有机分子一类的问题。

摩尔根染色体-基因理论的创立标志着经典遗传学发展到了细胞遗传学阶段，并在这个基础上展现了现代生化遗传学和分子遗传学的前景，成为今天的遗传学从经典遗传学中继承下来的最重要的遗产。

后来有人高度评价：“染色体学说是作为人类成就史上的一个伟大奇迹而登上舞台的。”

1933 年，在诺贝尔一百周年诞辰之际，摩尔根收到一份电报，通知他因建立遗传的染色体理论而授予他诺贝尔奖。但是，摩尔根最害怕出风头，他拒绝参加在瑞典斯德哥尔摩举行的盛大授奖仪式和纪念诺贝尔诞辰的宴会。

1941 年 12 月 4 日，伟大的生物学家摩尔根因胃溃疡突发引起动脉破裂而逝世。

摩尔根的染色体学说可以说是人类想象力的一个重大飞跃，它为医学上预防和治疗遗传性疾病开辟了一条广阔的道路，也给分子生物学的产生和发展准备了充分的条件。

肿瘤病毒的发现

1911年，美国科学家弗朗西斯·佩顿·劳斯发现了肿瘤病毒，并将其命名为劳斯肿瘤病毒，这种病毒至今仍是癌研究中重要的实验材料，他因此成为发现病毒致癌的先驱。

劳斯1879年出生在美国霍尔迪莫亚的农村，约翰·霍普金斯大学医学院毕业，1909年在洛克菲勒研究所工作。

1911年，劳斯因身患结核病，不得不回到农村疗养。一天，附近的农民来看望他，还送给他一只胸部长着肿瘤的母鸡。劳斯从母鸡身上取出瘤体，提取渗液，将其中的细胞全部滤去，然后注射到健康的雏鸡体内，结果这些雏鸡也长了肿瘤。他把这种可以致癌的物质确定为肿瘤病毒，并向肿瘤学会作了报告，首次证明使鸡胸肌中的纤维肉瘤传递于另一些鸡的病原为一种病毒。

劳斯把这种病毒分送给了对其感兴趣的许多研究室，然而，这些研究室仿效的实验都遭到了失败。因此，学术界普遍认为劳斯有关雏鸡肿瘤的实验是一种特殊情况，不具一般性，因此不予承认。

之后，随着病毒学的技术不断进步，劳斯肿瘤病毒被证明具有再生性，结果，这种病毒成为研究癌的非常便利的一种材料，劳斯的业绩又重新得到评价。1966年，他以87岁高龄荣获诺贝尔生理学或医学奖。

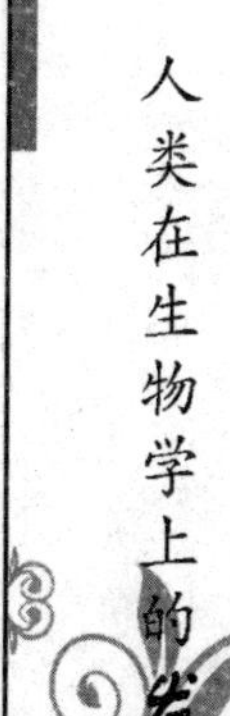

维生素的发现

维生素的发现是20世纪的伟大发现之一。

1897年，荷兰病理学家克里斯蒂安·艾克曼在爪哇发现只吃精磨的白米会患脚气病，而未经碾磨的糙米能治疗这种病，并发现可

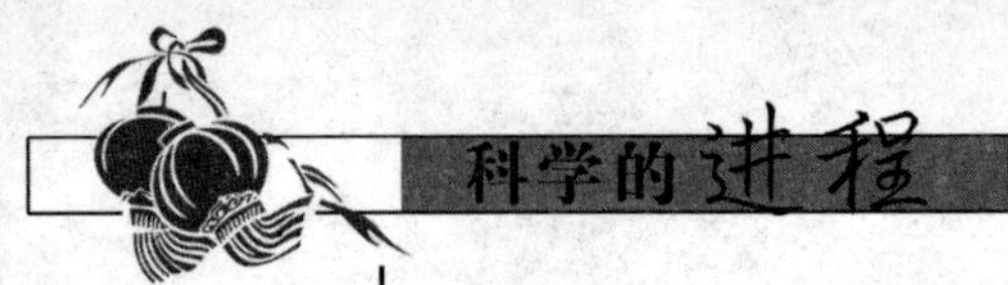

治脚气病的物质能用水或酒精提取，当时这种物质被称为“水溶性 B”。

1906 年人们证实食物中含有除蛋白质、脂类、碳水化合物、无机盐和水以外的“辅助因素”，其含量很低，但为动物生长所必需。

波兰生物化学家 C. 劳克在阅读了艾克曼关于食用糙米可以比食用精制白米的人减少患脚气病的可能的文献后，决定将糙米中的这一成分分离出来。1911 年，他成功地分离出了治疗脚气病的有效成分。因为这种物质含有氨基，所以被他命名为 vitaminc，这是拉丁文的生命（Vita）和氨（-amine）的缩写而创造的词，在中文中被译为维生素或维他命，后来他提取出的这种物质被称为硫胺或维生素 B_1。C. 劳克又发展了自己的理论，认为维生素还可以治疗佝偻病、糙皮病等。Vitamine 现在被称为 Vitamin，因为后来发现的维生素中很多并不含有氨基。

C. 劳克定义了当时存在的几种营养物质，维生素 B_1、维生素 B_2、维生素 C 及维生素 D。他在 1936 年确定了硫胺的物质结构，后来又第一个分离出了烟酸（维生素 B_3）。他还研究了激素、糖尿病、溃疡以及癌症。

自劳克发现并给维生素命名以来，各类维生素相继被发现，以前发现的如抗血酸等也被重新命名。

抗坏血酸，即维生素 C，水溶性，由詹姆斯·林德在 1747 年发现，多存在于新鲜蔬菜、水果中。

维生素 A，即抗干眼病维生素，亦称美容维生素，脂溶性，由爱尔墨·麦科勒姆和戴维斯在 1912 年到 1914 年之间发现。它并不是单一的化合物，而是一系列视黄醇的衍生物（视黄醇亦被译作维生素 A 醇、松香油），多存在于鱼肝油、绿色蔬菜中。

维生素 D，即钙化醇，脂溶性，由伊德瓦尔第在 1922 年发现，亦称为骨化醇、抗佝偻病维生素，主要有维生素 D_2（即麦角钙化醇）和维生素 D_3（即胆钙化醇）。这是唯一一种人体可以少量合成的维生素，多存在于鱼肝油、蛋黄、乳制品、酵母中。

维生素E，即生育酚，脂溶性，由赫尔波特及卡斯林在1922年发现，主要有α、β、γ、δ四种，多存在于鸡蛋、肝脏、鱼类、植物油中。

维生素B_2，即核黄素，水溶性，由史密斯和亨利爵士在1926年发现，也被称为维生素G，多存在于酵母、肝脏、蔬菜、蛋类中。

维生素K，脂溶性，由荷林瑞克在1929年发现。它是一系列萘醌的衍生物的统称，主要有天然的来自植物的维生素K1、来自动物的维生素K2以及人工合成的维生素K3和维生素K4，又被称为凝血维生素，多存在于菠菜、苜蓿、白菜、肝脏中。

维生素B_5，即泛酸，水溶性，由罗杰·威廉姆斯在1933年发现，亦称为遍多酸，多存在于酵母、谷物、肝脏、蔬菜中。

维生素B_6，吡哆醇类，水溶性，由盖奥尔吉在1934年发现，包括吡哆醇、吡哆醛及吡哆胺，多存在于酵母、谷物、肝脏、蛋类、乳制品中。

维生素B_3，即烟酸，水溶性，由埃尔维耶姆在1937年发现，也被称为维生素P、维生素PP，包括尼克酸（烟酸）和尼克酰胺（烟酰胺）两种物质，均属于吡啶衍生物，多存在于烟碱酸、尼古丁酸、酵母、谷物、肝脏、米糠中。

维生素是维持生命的元素，是维持人体生命活动必需的一类有机物质，也是保持人体健康的重要活性物质。维生素在人体内的含量很少，但不可或缺。

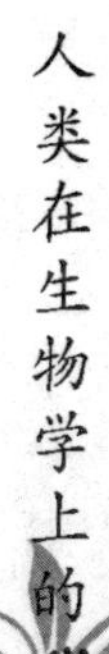

噬菌体的发现

1915年特沃特和1917年埃雷尔分别发现了细菌病毒即噬菌体。提到噬菌体，它的“借腹怀胎”现象十分有趣，值得一说。

这里的借腹怀胎不是讲受精卵移植，而是指噬菌体“钻入”细菌“腹”中，借细菌之“腹”传宗接代的事实。

细菌是极小的单细胞生物体，它没有真正的核，但它有DNA那样的类核结构（拟核），此外细菌还有大量的RNA（核糖核酸）。细菌已很细小，可噬菌体、病毒这类生物比细菌更小，不仅肉眼看不到它们，就是用显微镜也找不到它们的痕迹，只有用电子显微镜才会看到它们的真容。

噬菌体如果没有活细菌，就无法繁殖。它的结构十分简单，构成噬菌体的物质也只有蛋白质和DNA这两类。

1952年，美国科学家赫尔希和蔡斯，用放射性同位素S35和P32分别标记T2噬菌体的蛋白质和DNA时，在T2噬菌体的外壳部分看到S35，而T2的里面为P32。这说明，T2噬菌体的外壳是蛋白质构成的，外壳里面才是DNA。

他们也查明了噬菌体的生活周史。大致来说，T2噬菌体首先用尾部附着在细菌的细胞壁上，并在细胞壁上打个洞，然后，T2的内容物DNA沿这个洞进入细菌体内。不久，细菌本身被破坏，许多新形成的T2噬菌体从细菌中逸出。

T2噬菌体借助细菌“肚子”，孕育了新的一代，这真是地道的“借腹怀胎”呀！

T2噬菌体的生活周史清楚地告诉我们：噬菌体的DNA能决定整个噬菌体的物质结构和外部形态。换句话说，T2噬菌体的DNA包含着整个T2噬菌体的全部遗传信息或全部基因。

从T2噬菌体生活周史中可以看到：DNA能自己制造自己（复制），要不然，怎么进入细菌细胞的少量DNA，会变出大量的完全相同的DNA来呢；DNA能控制蛋白质的合成，要不然，T2噬菌体进入菌体的是DNA，怎么出来的是带有蛋白质外壳的T2噬菌体呢。这两条是基因物质的必备条件。

其他的试验证明，DNA在一定条件下能发生变化，变化了的

DNA 又完全能按照变化后的样子复制自己。

这三条已说明 DNA 很有资格充当基因的组成物质了。在弄清楚 DNA 的这些重要特性后，遗传学的研究已临近又一个新的发展时期。

在高等生物的细胞里，DNA 是怎样分布的呢？德国化学家富尔根最先用实验作出了回答。这个问题对 DNA 在遗传上的作用也很重要。结论就是 DNA 通过转录产生 RNA，RNA 再经翻译才产生蛋白质，即 DNA→RNA→蛋白质。这就是一直被公认的中心法则。

1970 年，梯明等人发现了一种寄生于鸡身上的洛氏肉瘤病毒，这种病毒有一个蛋白质外壳和 RNA 的内核。当这种病毒侵入鸡细胞以后，以它的 RNA 为样板，在逆转录酶的催化下，转录成 DNA，这种 DNA 再结合到鸡细胞的染色体上的一定位置上，它可以和鸡的染色体同步复制，并能随染色体在有丝分裂时传给细胞。这个外来的 DNA 和鸡本身的一样，可是，带有这种外来 DNA 的细胞绝大多数已变成癌细胞了。在适当条件下，这个外来 DNA 又作为合成 RNA 的样板，合成了 RNA。在细胞核里合成的这种 RNA，进入细胞质后，又被翻译成肉瘤病毒的蛋白质。就这样，鸡肉瘤病毒兜了一个圈子，由少到多，破坏了鸡的细胞，又去侵染鸡的健康细胞了。这个侵染过程，正好是从 RNA 到 DNA，再从 DNA 到 RNA 的过程。

这一发现公布后，顿时轰动了整个生物界，有人说，中心法则被推翻了，有人说，中心法则没有被推翻，梯明的结果根本不能得出推翻中心法则的结论。最后，提出中心法则的克里克也出来申辩了。他说，在他提出中心法则时，只是断定蛋白质分子中的信息不能传向 DNA 或 RNA，可没有讲过 RNA 分子中的遗传信息不能传向 DNA，梯明的结果只是为中心法则找到了信息从 RNA 传向 DNA 这条通路而已。这个申辩，是很有道理的，所以克里克又博得了多数人的支持。

人工单性生殖

1918 年，美籍德国人勒布用简单的化学刺激代替精子，引起了海胆卵的发育，从而发现了人工单性生殖。

人工单性生殖，亦称人工孤雌生殖、人工单性发生。对有性生殖的动植物的卵给予人工刺激，在没有精子的条件下，也能使之在发育上产生一定的变化，这被称为人工单性生殖。

把蚕的未受精卵接触硫酸或用刷毛擦触，可引起其发生早期的变化，这是 19 世纪以来为人们所熟知的；但从 20 世纪初开始趋向于用海胆和蛙卵作实验材料，研究有了很大的进展。科学家勒布把海胆用酪酸和高渗海水处理，成功地获得了幼体和成体。

在今天，对棘皮动物、环节动物、软体动物、鱼类等进行了广泛的实验，就连像家兔那样的高等动物也在一定程度上获得了成功。这种方法虽可分为化学的和物理的两大类，但因动物种类不一样，分别有不同的适用方法。例如对海胆，除用酪酸以外，还可以用尿素、皂碱、合成洗剂、酚等刺激未受精卵，进而再用高渗海水进行处理。经过这样处理的卵，能产生与受精卵相同的受精膜，然后开始卵裂。这些研究既有助于说明受精现象，同时也对遗传学有所贡献。在植物方面同样的研究虽然很少，但对褐藻类的墨角藻等应用与海胆同样的处理方法，也会得到分裂的例子。

植物的光周期现象

1919 年，美国科学家加纳和阿拉德在美国马里兰州美国农业部的一个农业试验站工作，他们发现两个难以解释的现象，一个是烟草品种马里兰猛犸象，在夏季株高可达3~5米，但是不开花，如果在冬季的温室里，株高不到1米就可以开花；另一个现象是，某个大豆品种，在春季的不同时间进行播种，但在夏季的同一时间开花，尽管不同播种期大豆的营养体大小不同。

他们认为植物在特定季节开花一定是有某个环境因子在控制开花。我们知道，主要的环境因子有温度、光照、水、气、矿质营养，那么随季节变化的主要是温度和光照长度，因此，他们检验了日照长度对烟草开花的影响，结果发现，只有当日照短于14个小时时，烟草才开花，否则就不开花。后来又发现许多植物开花需要一定的日照长度，如冬小麦、菠菜、萝卜、豌豆、天仙子等，这就是光周期现象的发现。

根据对日照长度的反应类型可把植物分为长日照植物、短日照植物、中日照植物和中间型植物。

长日照植物是指在日照时间长于一定数值（一般14小时以上）才能开花的植物，如冬小麦、大麦、油菜和甜菜等，而且光照时间越长，开花越早。

短日照植物则是日照时间短于一定数值（一般14小时以上的黑暗）才能开花的植物，如水稻、棉花、大豆和烟草等。

中日照植物的开花要求昼夜长短比例接近相等（12小时左右），如甘蔗等。在任何日照条件下都能开花的植物是中间型植物，如番茄、黄瓜和辣椒等。

光周期对植物的地理分布有较大影响。短日照植物大多数原产地是日照时间短的热带、亚热带；长日照植物大多数原产于温带和寒带。如果把长日照植物栽培在热带，由于光照不足，就不会开花。同样，短日照植物栽培在温带和寒带也会因光照时间过长而不开花。光周期对植物的引种、育种工作有极为重要的意义。

植物只要没得到足够日数的适合光周期，以后即便置于不适合的光周期条件下仍可开花，这种现象称作光周期诱导。

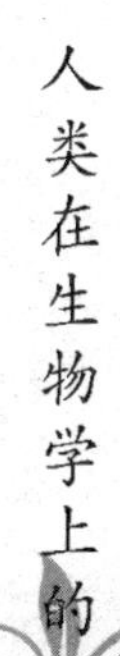

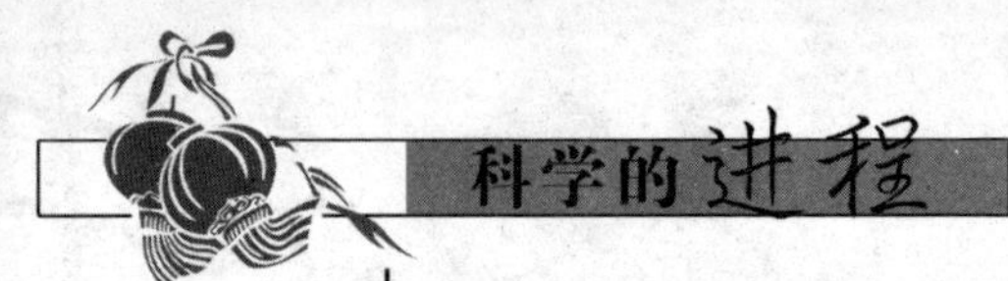

不同植物光周期诱导需要的天数与植物年龄、温度、光照强度、光照长度有关。植物年龄小（达到光周期诱导的能力）、温度高、光照强，诱导期缩短。

接受光周期诱导的部位是叶片，进行光周期反应的部位是茎尖的生长点，叶和起反应的部位之间隔着叶柄和一段茎。那么，必然有一个开花刺激物传导的问题。以苍耳的嫁接实验来说明，把五株苍耳植物互相嫁接在一起，且只让其中一株上的一张叶片处于苍耳开花适宜的光周期（短日照）下，其他植株都处于不适宜的光周期（长日照）下，它们都可以开花。这就证明，植株之间确实有开花刺激物质通过嫁接的愈合而进行传递的现象存在。

另外，经过短日照处理的短日植物，例如高凉菜，把其嫁接到长日植物八宝植株上，可引起八宝在短日条件下开花。反之，若将经过长日处理的长日植物，嫁接到短日植物上，可引起短日植物在长日条件下开花。这说明两种光周期反应的植株所产生的开花刺激物几乎具有相同的性质。用蒸汽或麻醉剂处理叶柄或茎，可以阻止开花刺激物的运输，说明运输途径是韧皮部。苏联的柴拉轩将这种刺激物叫做成花素，但这种物质至今还没有被分离出来。

动物行为学研究方面的开拓性成就

为了获得诺贝尔奖而等待十几年、二十几年乃至三十年的人并不少见，相比之下，德国科学家卡尔·凡·弗里施则等待了半个多世纪。他 1919 年就发现了蜜蜂跳圆圈舞，1925 年发现蜜蜂跳摇尾舞，直到 1973 年才获得诺贝尔奖。

20 世纪最初的 10 年里对动物行为的研究进入了盲区，生命论者认为，生物体的本能是神秘、聪慧并且是与生俱来而无法解

释的，本能地控制着个体的行为。与此相反，反射论学者只是机械地解释行为模式。于是，解释所有行为变化的学说一直困扰着行为学家。研究者们需要走出这种困境，因此，他们把精力放在研究种属差异时各种行为模式对其生存所发挥价值上。与解剖学和生理学的特征类似，用自然选择的结果解释行为模式是切实可行的，他们是这种新兴学科最杰出的奠基者，该学科被称做“比较行为学研究”或“性格形成学”。这是在昆虫、鱼类和鸟类上做出的首次发现，但被证明其基本原则也同样适用于哺乳动物，包括人类。

卡尔·凡·弗里施主要以研究蜜蜂的“语言”而闻名。通过全面系统的实验，他阐释了蜜蜂相互间交流信息的方式。当一个蜜蜂发现蜂蜜来源后，它就会返回蜂箱附近跳“圆形”舞，并且其他的蜜蜂也参与跳舞。如果蜂蜜来源与蜂箱的距离超过50m远，这只回到蜂箱附近的蜜蜂就会跳“摇摆”舞。它先向前直飞一小段路程，摇动腹部，然后转到一边再飞回到原来的位置，沿着相同的路径重复着摇摆舞。通常，跳舞是在蜂房顶部的黑暗处。这个方向是通知蜂房内的蜜蜂，蜂蜜源相对于太阳位置的方向，但这个相对于太阳的方向被表达成是向上的。甚至看不见太阳的时候，蜜蜂可以靠分析紫外光指示蜂蜜源的方向。摇摆的强度按常理代表着距离，强度越大，距离就越近。这种复杂信息交流的方式显然是由基因编程而不是后天学习获得的。

弗里施于20世纪20年代开始研究鸟类的本能活动，发现本能活动在很大程度上仅是由一种特定“关键刺激”所激发的固定行为模式所组成，就像机器人所执行的活动一样。通过对“幼稚”小鸟的研究，能够证明关键刺激所引起的固定行为模式反应似乎无须任何经历，也就是说不用任何学习。在另外一方面，某些类型的行为发生，足够的经验是非常重要的。弗里施专门研究一个叫做“印刻铭记”的行为，这是一种十分特殊的学习行为。在生命的早期关键

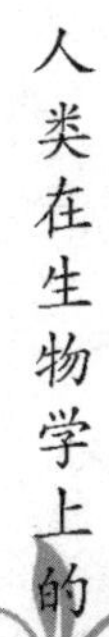

阶段，一种特定类型的刺激对于正常发育可能是必需的，这些刺激可引起一种以后不可逆转的行为模式。新生的鸭子出生后第一次看到的活动物体会给它留下烙印，无论这些物体是它的妈妈、一个纸盒或是气球。这种类型的早期经历有可能决定一个动物以后生活中的性取向。

英国科学家尼考拉斯·廷伯根最重要的贡献之一是他发现了通过全面、详细而又十分常见简单的实验来验证他本人和他人假说的方法。采用无效对照方法，他测定了关键刺激的强度及其引发相应行为所需功率的要素。例如，他分析了引起海鸥雏鸟乞食、喂食时鸟嘴的一些特征，即鸟嘴的形状、颜色和对比度。一个发现是，通过使某些特征夸大化，有可能产生“超常刺激”，这个刺激引发比正常行为更为强烈的行为。廷伯根也研究了本能行为的构成，举例来说，他研究了组成棘鱼求爱行为和生殖行为的一系列复杂动作。

弗里施和廷伯根的发现，主要是对昆虫、鱼类和鸟类的研究结果，也激发了对哺乳动物的全面研究。他们有关于遗传学程序化行为的组成、成熟和诱发的发现，以及他们论证在个体正常发育的关键期必须有足够刺激的发现，都是正确适用的。大脑皮层发育期间，可塑性和学习行为在很大程度上已取代更多机械性、固定的动作模式。然而，人类也装备了大量的、由特定关键刺激所引发的固定动作模式。这种说法对于解释婴儿微笑以及母亲对于新生儿的行为都是适用的。通过对灵长类的研究显示，当一个婴儿同他妈妈及兄弟姐妹没有任何接触而只是独自长大，那么他将来的行为后果将是灾难性的。在这种环境下长大的男性将无生育能力，女性则无法照顾自己的子女。显然，如果社会心理学环境对于物种的生物学特征太敌对，那么就会产生十分严重的后果。这方面的例子是，在有限空间内十分拥挤的现象就会引起动物和人类的不适当和破坏性的、侵略性的行为。这些领域内的研究具有重大意义，比如

对精神病学和身心医学，尤其是对具有生物学特征的人类适应环境方面。

胰岛素的发现

1921 年，加拿大生物学家班廷和贝斯特发现了胰岛素，从而给全体糖尿病人带来了福音。

19 世纪以前，糖尿病像妖魔一样，肆意地夺走人们的生命。面对这旷日持久的大浩劫，人类一筹莫展。在那时，糖尿病患者的平均生存时间仅为 4.9 年。1869 年一位叫朗格汉斯的德国医学生，在胰脏中发现一些呈岛状分布的细胞，后被命名为朗格汉斯细胞（即现在的胰岛细胞）。当时人们只知道这些细胞不会分泌消化液，其他的则一无所知。

1889 年，德国科学家发现将狗的胰脏摘除后，狗就会出现糖尿病症状。当初他们认为，狗可能是由于缺少胰腺所分泌的消化酶而发生糖尿病。可是，当他们保留狗的胰腺，而只是将狗的胰腺管结扎，使消化液不能分泌到肠道里的时候，却发现狗并不发生糖尿病。由此，他们认为，胰腺内一定存在着一种可能与糖尿病的产生有关的物质。

班廷和贝斯特在实验室中

1920 年，年仅 29 岁的加拿大生物学家、外科医生班廷读到一篇关于朗格汉斯细胞和糖尿病方面的文章，他突发奇想，先将正

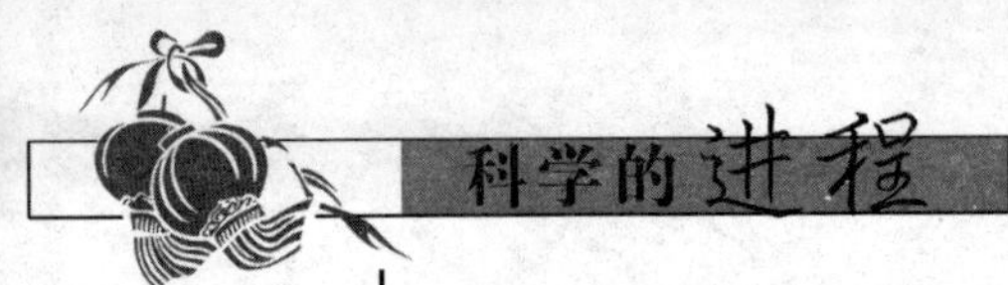

常活狗的胰腺导管统统结扎，使胰腺无法分泌消化液；然后再进行收集工作，如果能够收集到一些物质，则必定是由朗格汉斯细胞分泌出来的。为了证实自己的想法，班廷去找多伦多大学医学院的麦克劳德教授，请他支持自己的实验。

1921年4月班廷和麦克劳德的学生贝斯特开始了实验，他们前后进行了两次实验，第二次实验非常成功。四个星期后，他们取出两条狗的胰脏，将之搅碎过滤，并收集到少量的液体。当他们将这些液体注射到一只已经出现糖尿病昏迷的小狗身上时，奇迹发生了。当头几滴液体注入狗的体内时，昏迷中的小狗有了反应，血糖也开始下降。当液体注射完毕，世界上第一只从糖尿病昏迷状态下苏醒过来的小狗就站起来跑开了。

这种从狗的胰脏中取得的神奇液体，班廷和贝斯特称其为isletin，而麦克劳德主张用一个有趣味的、比较古老的名称insulin（即胰岛素）。

1922年1月，班廷第一次使用从牛胰腺中提取的胰岛素，对一个患糖尿病两年、已被医生放弃治疗的男孩进行治疗，结果“药到病除”，男孩的病情立即好转，不久就出院了。

麦克劳德很快又改进提取方法，使胰岛素能批量生产，一经推出立即挽救了许多糖尿病人的生命。

1923年，班廷和麦克劳德获得了诺贝尔生理学或医学奖，这是加拿大人首次获得诺贝尔奖。自那时以后，许许多多的糖尿病患者便能够正常生活了，其中有伊斯特曼、迈诺特，还有英国的乔治五世和作家威尔斯。

今天用于临床的胰岛素几乎都是从猪、牛的胰脏中提取的。不同动物的胰岛素组成均有所差异，猪的胰岛素结构与人的最为相似，只有B链羧基端的一个氨基酸不同。

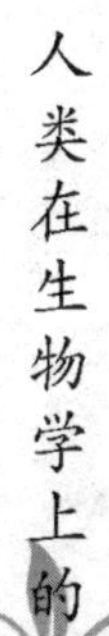

植物激素

1924年，苏联的赫洛特内和荷兰的范恩脱首次提取出植物激素。

植物激素是指植物细胞接受特定环境信号诱导产生的，低浓度时可调节植物生理反应的活性物质，是由植物自身代谢产生的一类有机物质，并自产生部位移动到作用部位，在极低浓度下就有明显的生理效应的微量物质，也被称为植物天然激素或植物内源激素。

它们在细胞分裂与伸长、组织与器官分化、开花与结实、成熟与衰老、休眠与萌发以及离体组织培养等方面，分别或相互协调地调控植物的生长、发育与分化。这种调节的灵活性和多样性，可通过外源激素或人工合成植物生长调节剂的浓度与配比变化，进而改变内源激素的水平与平衡来实现。

当前已明确认定的植物激素有以下五类：生长素、赤霉素、细胞分裂素、脱落酸和乙烯；而油菜素甾醇也逐渐被公认为第六类植物激素。

生长素

达尔文在1880年研究植物向性运动时发现，只有各种激素协调配合，植物幼嫩的尖端受单侧光照射后产生的影响能传到茎的伸长区引起弯曲。1928年荷兰的温特从燕麦胚芽鞘尖端分离出一种具生理活性的物质，将其称为生长素，它正是引起胚芽鞘伸长的物质。1934年荷兰的克格尔等从人尿中得到生长素的结晶，经鉴定为吲哚乙酸，能够促进橡胶树、漆树等排出乳汁。在植物中，吲哚乙酸则通过酶促反应从色氨酸中合成。十字花科植物中合成吲哚乙酸的前体为吲哚乙腈，西葫芦中有相当多的吲哚乙醇，也可转变为吲

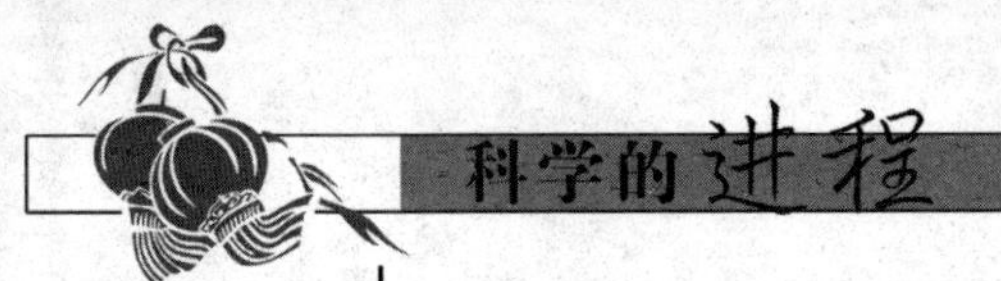

哚乙酸。已合成的生长素又可被植物体内的酶或外界的光所分解，因而处于不断的合成与分解之中。

生长素在低等和高等植物中普遍存在。生长素主要集中在幼嫩的、正在生长的部位，如禾谷类的胚芽鞘，双子叶植物的茎顶端、幼叶、花粉和子房以及正在生长的果实、种子等，它的产生具有“自促作用”；而衰老器官中含量极少。

赤霉素

1926年，日本科学家黑泽在水稻恶苗病的研究中发现，当水稻感染了赤霉菌后，会出现植株疯长的现象，病株往往比正常植株高50%以上，而且结实率大大降低，因而称之为“恶苗病”。黑泽将赤霉菌培养基的滤液喷施到健康水稻幼苗上，发现中心某些幼苗虽然没有感染赤霉菌，却出现了与恶苗病同样的症状。

1935年，日本薮田贞治郎和住木谕介从赤霉菌培养基的滤液中分离出这种活性物质，并鉴定了它的化学结构，将其定名为赤霉素（GA）。

从20世纪50年代开始，英、美的科学工作者对赤霉素进行了研究，现已从赤霉菌和高等植物中分离出60多种赤霉素，分别被命名为GA_1、GA_2等。赤霉素广泛存在于菌类、藻类、蕨类、裸子植物及被子植物中。

赤霉素能促进α-淀粉酶的形成，促进营养生长（对根的生长无促进作用，但显著促进茎叶的生长），防止器官脱落和打破休眠等。不过赤霉素最突出的作用是可以提高植物体内生长素的含量，而生长素直接调节细胞的伸长，对细胞的分裂也有促进作用，它可以促进细胞的扩大，而不引起细胞壁的酸化。

细胞分裂素

细胞分裂素的发现是从激动素的发现开始的。1955年美国人斯

库格等在烟草髓部组织培养中偶然发现培养基中加入从变质鲱鱼精子中提取的 DNA，可促进烟草愈伤组织强烈生长。后来证明其中含有一种能诱导细胞分裂的成分，被称为激动素。第一个天然细胞分裂素是 1964 年莱瑟姆等从未成熟的玉米种子中分离出来的玉米素。

高等植物细胞分裂素存在于植物的根、叶、种子、果实等部位。根尖合成的细胞分裂素可向上被运到茎叶，但在未成熟的果实、种子中也有细胞分裂素形成。细胞分裂素的主要生理作用是促进细胞分裂和防止叶子衰老。绿色植物叶子衰老变黄是由于其中的蛋白质和叶绿素分解；而细胞分裂素可维持蛋白质的合成，从而使叶片保持绿色，延长其寿命。细胞分裂素还可以促进芽的分化。在组织培养中当它们的含量大于生长素时，愈伤组织容易生芽；反之容易生根。细胞分裂素还可用于促进单性结实、疏花疏果、插条生根、防止马铃薯发芽等方面。

脱落酸

20 世纪 60 年代初美国人阿迪科特和英国人韦尔林分别从脱落的棉花幼果和桦树叶中分离出脱落酸。

脱落酸存在于植物的叶、休眠芽、成熟种子中，通常在衰老的器官或组织中的含量比在幼嫩部分中的多。它的作用在于抑制 RNA 和蛋白质的合成，从而抑制茎和侧芽生长，因此是一种生长抑制剂，有利于细胞体积增大，与赤霉素有拮抗作用。脱落酸通过促进离层的形成而促进叶柄的脱落，在于它能使细胞壁环境酸化、水解酶的活性增加，还能促进芽和种子休眠。种子中较高的脱落酸含量是种子休眠的主要原因。经层积处理的桃、红松等种子，因其中的脱落酸含量减少而易于萌发，脱落酸也与叶片气孔的开闭有关。小麦叶片干旱时，细胞内脱落酸含量增加，气孔就关闭，从而可减少蒸腾失水。根尖的向重力性运动与脱落酸的分布有关。

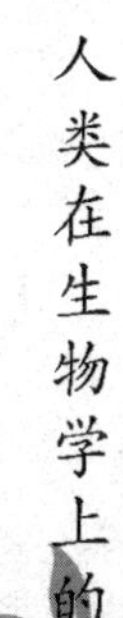

乙 烯

植物五大激素之一的乙烯是一种气体，也是一种信号分子。可是人们对乙烯的研究和认识过程是曲折的。人类利用乙烯的历史非常长，可以推至古代埃及和古代中国。古人在密室中焚香产生乙烯，用以催熟梨。

长期以来，人们全然没有意识到乙烯的真正价值所在。直到20世纪初，一名叫奈留伯的俄国学者才第一次将乙烯推上前台。

当时，奈留伯是俄罗斯圣彼得堡植物研究所的一名研究生。他的课题要求他在实验室种一些豌豆。等豌豆萌发后，奈留伯发现它们长得有些特别。与正常的豌豆小苗相比，实验室的这些小苗又短又粗，顶端还呈现一定程度的弯曲。

从1886年开始，奈留伯对这一异常现象进行了一系列分析。到1901年他给出结论，空气中的乙烯是造成豌豆苗异常的原因，而实验室用于照明的煤气灯是产生乙烯的源头。这是人类第一次确认乙烯这种气体会影响植物的生长发育。奈留波观察到的短、粗、弯这三个生理现象从此被称为乙烯的三重反应。在精密测量乙烯含量的技术普及之前，三重反应是测试乙烯对植物作用的经典方法，对乙烯信号途径的研究贡献巨大。

奈留伯的发现具有里程碑式的意义，却不足以帮助乙烯获得植物激素的身份认证。因为，所谓植物激素通常具有三个特征：属于有机化合物；对植物的生长发育有影响；植物自身合成产生。奈留伯没有能够证实的第三个特征直到1934年才真正得到确认。

1934年，英国科学家甘恩在《自然》杂志上发表了论文。甘恩在文中提到，他花了四周时间，收集了由正在成熟的苹果所产生的气体。利用化学方法，他在这些气体中发现了乙烯。由此证实，乙烯可以由植物产生。

油菜素甾醇

油菜素甾醇（BR）是最近新确认的植物激素，被称为继生长素、赤霉素、细胞分裂素、脱落酸、乙烯之后的第六大激素。其为甾体类激素，但作用机理与动物甾体类激素完全不同。油菜素甾醇最早由美国农学家米歇尔于1970年发现。他从油菜花粉中提取出了一种能促进植物茎秆伸长和细胞分裂的物质，将其称为油菜素。英国的曼达伐等于1978年将油菜素精制后得到具有高活性的结晶物，其化学结构属于甾醇内酯，故命名为油菜素甾醇（BR）。其后又从另一些植物中提纯了十几种具有生物活性的油菜素甾体类物质，其中油菜素甾醇的生理活性最强，被认为是一种新的植物激素。

油菜素甾醇对菜豆幼苗有促进细胞分裂和伸长的双重作用，可促进整株生长，包括株高、株重和荚重等；对桦、榆等树苗不仅促进茎生长，还能使叶和侧芽数增加；在低温下降低水稻细胞内离子的外渗，对细胞膜有保护作用，能提高作物耐冷性。

脑电图技术

1875年，英国的一位青年生理科学工作者卡顿在兔脑和猴脑中记录到了脑电波，并发表了《脑灰质电现象的研究》的论文，但当时并没有引起重视。15年后，德国科学家贝克再一次发表关于脑电波的论文，才掀起研究脑电现象的热潮，直至1924年德国的精神病学家贝格尔才真正地记录到了人脑的脑电波，从此诞生了人的脑电图。

贝格尔，德国精神病学家，1873年生于巴伐利亚科堡附近的诺伊西斯。1929年，贝格尔第一个设计完成一套电极系统，置于头皮之上而与一示波器相连接，可记录下节律性的电位变化，一般被称

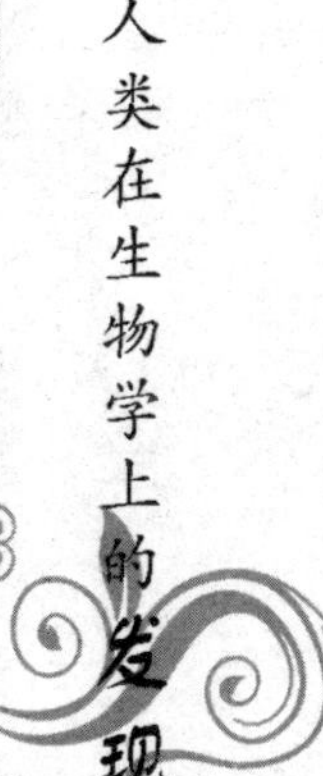

之为脑电波。在这一实验研究中，贝格尔的第一例人类受试者乃是他年轻的儿子。

贝格尔研究了这些脑电节律，并将最占优势的节律命名为“阿尔法波”（α波）和“贝塔波”（β波）。“脑电图”（EEG）技术便由此问世了。脑电图已用于癫痫和脑血管等方面疾病的诊断，随着人们对大脑的认识的增加，也有可能作为研究神经系统精细功能的指标。

人体也同样广泛地存在着生物电现象，因为人体的各个组织器官都是由细胞组成的。对大脑来说，脑细胞就是脑内一个个“微小的发电站”。

科学研究发现：在脑电图上，大脑可产生四类脑电波。当人在紧张状态下，大脑产生的是β波；当人感到睡意蒙眬时，脑电波就变成θ波；进入深睡时，变成δ波；当人的身体放松，大脑活跃，灵感不断的时候，就导出了α波。

根据能量守恒定律，我们思考得越用力，形成的电波也就越强，于是也就能解释为什么大量的脑力劳动会导致比体力劳动更大的饥饿感。

生物电现象是生命活动的基本特征之一，各种生物均有电活动的表现，大到鲸鱼，小到细菌，都有或强或弱的生物电。其实，英文“细胞”一词也有电池的含义，无数的细胞就相当于一节节微型的小电池，是生物电的源泉。

科学家曾将动物大脑皮层与丘脑的联系切断，脑电波的节律则消失，而丘脑的电节律活动仍然保持着。如果用8~13Hz的电脉冲刺激丘脑，在大脑皮层可出现类似α节律的脑电波。因此，正常脑电波的维持需要大脑与丘脑都要完好无损。

大家都知道“电生磁，磁生电”的道理，也就是说，电场与磁场总是相伴而生的。既然人脑有生物电或电场的变化，那么肯定也有磁场的存在。果然，科学家科恩于1968年首次测到了脑磁场。

由于人脑磁场比较微弱，加上地球磁场及其他磁场的干扰，必须有良好的磁屏蔽室和高灵敏度的测定仪才能测到。1971 年，国外有人在磁屏蔽室内首次记录到了脑磁图。脑磁测量是一种无损伤的探测方法，可以确定不同的生理活动或心理状态下脑内产生兴奋的部位，无疑是检测脑疾病的有效方法之一。

脑电波或脑电图是一种比较敏感的客观指标，不仅可以用于脑科学的基础理论研究，而且更重要的意义在于它在临床实践中的应用，与人类的生命健康息息相关。

肝脏抽出液可治恶性贫血

1924 年，美国医生迈诺特发现贫血病的肝脏疗法。从那以后，曾经让医学界束手无策的恶性贫血病就成为了一种可治之病。

迈诺特 1885 年生于马萨诸塞州波士顿，是哈佛大学的学生，1912 年取得医学学位，一度在约翰斯·霍普金斯大学工作，后于 1915 年又回到波士顿，像他祖父、父亲和叔叔一样在马萨诸塞州总医院和彼得·本特·布里格姆医院工作。

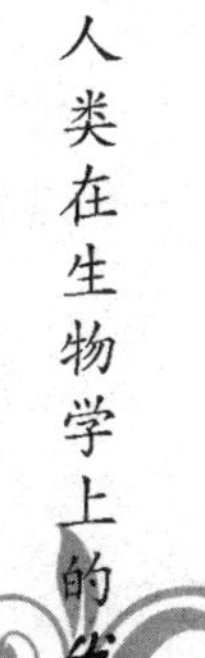

迈诺特对研究血液病特别是恶性贫血非常感兴趣。人一旦患病，红血球数目呈进行性下降，常能危及生命。早在 20 世纪 20 年代初期，惠普尔曾报道过食物中的肝脏可以显著提高贫血病人红细胞数量的许多试验（尽管未涉及到恶性贫血），这些报道对迈诺特有很大的启发。

迈诺特

迈诺特已确定恶性贫血是由于缺乏维生素引起的营养缺乏病，因为这种病常伴有胃液中盐酸的缺少。由于消化功能减退，导致某种维生素的吸收量低于正常，但这并不影响在贫血病人的食谱中添加肝脏，因为肝脏中含有丰富的维生素。

1924 年迈诺特与其助手墨菲开始对恶性贫血病人进行肝脏疗法，到 1926 年共观察了 45 例，取得了惊人的疗效。从那以后，恶性贫血病就成为了一种可治之症，迈诺特也因此获得了 1934 年诺贝尔生理学或医学奖。

细菌的转化及 DNA 作为遗传基础的发现

1928 年，英国学者格里菲思用肺炎双球菌作为实验材料，首先发现了细菌的转化。1944 年，美国细菌学家艾弗里进一步发现了“转化因子”就是 DNA，从而证明了 DNA 才是真正的遗传学基础，这一发现具有划时代的意义。

在 1928 年时生物学家们就已经知道，一种名叫肺炎球菌的菌类能使人得肺炎，而把肺炎病人的痰注入小家鼠体内，家鼠即在 24 小时内死亡。当剖开家鼠腹腔，检查心脏血液时，即可发现大量肺炎球菌。这种肺炎球菌有一层被囊，这层被囊除保护球菌不受破坏外，还可以使球菌的集合体——菌落呈光滑状，这种光滑状有被囊的肺炎球菌被称为 S 型球菌。同样的肺炎球菌中，有一些脱去了被囊，因此就失去了致病能力，此外，它们的菌落是粗糙的，所以这种类型的肺炎球菌被称为 R 型球菌，R 型不致病。

格里菲思把活的 R 型和高温灭活的 S 型球菌分别注射到小家鼠体内，都不会使小家鼠死亡。可是，当实验者把少量的活的 R 型与大量的、高温灭活的 S 型混合起来同时注入小家鼠体内，不仅小家鼠大量死掉，而且尸检出活的 S 型球菌，它们都有荚膜，有毒性，菌落光滑。这里应该着重指出：R 型单独注射，不能使小家鼠发病

死亡，但细菌已经注入小家鼠体内了。高温灭活的S型之所以不能使小家鼠发病，是因为球菌已被杀死，那么，二者同时注射而产生大量的S型球菌，显然是由于活的R型获得了S型的荚膜合成能力，先使自己变为S型，然后大量地繁殖起来导致了小家鼠的死亡。R型这种“借尸还魂”的现象，就叫做细菌转化。

三年之后，格里菲思把加热杀死的S型与活着的R型混合起来，进行体外培养时，培养基上清清楚楚地出现了光滑型菌落，这意味着S型又活过来了。又隔了两年，把S型的细胞捣烂，进行离心，把S型细胞内的物质提取出来，加到R型的培养基中，R型居然也会在这种培养基上转化为S型。

格里菲思只发现了转化现象，但并不清楚导致转化的物质（转化因子）的化学本质。

格列菲思的工作引起了美国的艾弗里、麦克劳德和麦卡锡的极大兴趣，他们决心搞清楚S型的“魂”究竟是什么东西。

艾弗里及其同事经过10年工作之后发现，当他们把取自S型菌提取物的纯化DNA加到R型菌的培养物中，剂量低达六亿分之一时，仍然具有使R型菌转化为S型菌的能力，而提取物中的其他成分（如蛋白质、多糖、脂类等）都不能进行这种转化。于是，在1944年艾弗里提出所谓“转化因子”就是DNA的论点。

艾弗里

在分子生物学发展史上，在对DNA遗传功能的认识过程中，艾弗里的发现和结论是划时代的，因为在此以前，一直认为蛋白质是遗传学基础，而DNA只是蛋白质的一种不怎么重要的附属品，现在看来 DNA 才是真正的遗传学基础。但是，由于提纯的 DNA 之中还有 0.02%的蛋白质，还有一些人对 DNA 是否是遗传物质提出了质疑。但不容置疑的是，艾弗里的发现直接导致了人们对 DNA 的新的研究，并使克里克和沃森发现了它的结构及其复制方式。

青霉素的发现

1928 年，英国微生物学家弗莱明写出论文《关于霉菌培养的杀菌作用》，宣布发现了青霉素。1941 年，弗洛里和蔡恩分离出可以用于临床治疗的青霉素，从而使病菌的感染率大大降低，拯救了无数人的生命。

大微生物学家巴斯德在 19 世纪就曾认识到，微生物的生长会受到其他生物新陈代谢产物的抑制。这种思想影响了不少人，其中之一便是英国微生物学家弗莱明。

弗莱明于 1881 年出生在苏格兰的洛菲德。他父亲经营一个小农场，而这个小农场只能勉强养家。弗莱明在那里上乡村小学，后来在基马尔诺克上学，最后进入伦敦综合技术学校学习。但是不久，由于家庭收入微薄，他被迫离开学校，去造船厂当学徒，后来又不得不去服义务兵役。在这段时间，他产生了献身医学的愿望。退役后，他进入伦敦大学圣玛丽医学院的医学高等学校里学习，学习期间勤奋刻苦，得过多次荣誉。1908 年通过国家考试后，继续留在学校，同校长赖特一起，致力于广泛的细菌学研究。

第一次世界大战爆发后，弗莱明中断了研究，去军队医院工作。当时用于治疗伤口感染的药物虽然能使伤口消毒，但却能进入血管，破坏血细胞。因此，弗莱明希望找到一种既能杀菌，又不伤害身体的药物。战后，他在圣玛丽医院进行实验，全力研究能够杀死使伤口感染葡萄球菌的药物。

弗莱明

因为空气中有许多乱七八糟的细菌、霉菌存在，所以在细菌学研究时，需要把自己正在研究的细菌培养在封闭的玻璃平皿内，以防止杂菌混入，以免影响实验结果。1928 年的一天，弗莱明发现有一种霉菌侵入到培养的菌种中。以前这种事也发生过多次，弗莱明总是不得不把这些被污染的培养菌扔掉，然后重新培养。但是今天他有了新的发现：当葡萄球菌长满平皿时，侵入进去的霉菌周围却没有细菌生长。这就是说，霉菌阻止了细菌的蔓延，并把它们杀死了。弗莱明欢欣鼓舞，他把产生这种杀菌作用的物质称为青霉素，也叫盘尼西林（英文青霉素的音译），因为它是由青霉菌产生出来的。

接下来，就是要把培养物中的青霉素提取出来，这项工作的工作量很大，而且花钱也多，弗莱明申请助手和经费，但每次都遭到英国政府的拒绝。不得已，他于 1928 年，也就是他发现青霉素的那一年，写完论文《关于霉菌培养的杀菌作用》后，结束了这项尚未完成的工作。

后来，在伦敦热带病研究所里，生物化学家赖斯提克试图重新进行青霉素的分离提纯工作，但他也是毫无结果。当多马克 1932 年制成磺胺药物“百浪多息”后，人们的兴趣一下子从青霉素转向了磺胺，使青霉素受到了冷遇。

直到 40 年代才由澳大利亚裔英国病理学家弗洛里和德国生物化学家钱恩在英国重新对由青霉菌产生的青霉素进行研究，最终生产出了干燥的制品，经过一系列的生物学实验，青霉素的医疗价值

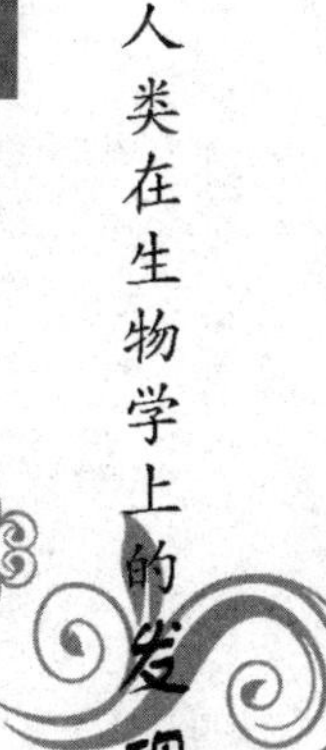

得到了肯定。当时正值第二次世界大战，英国停止了青霉素的研制。1941 年 7 月，弗洛里等携带青霉菌种来到美国访问、游说，得到了美国北部地区研究所的支持，使研究工作得以进行下去。由于当时是非常战争时期，生产只能秘密进行，产量很低，产品由美国政府分配给军队使用，取得了良好的治疗效果，从而导致了 1943 年美国中部伯利汉城的医院里出现了病人与死神进行搏斗而胜利的奇迹。

当时唯一能和病菌作战的有效药物是磺胺药，它虽然起着重要作用，但在一些能引起败血症、心包炎等疾病的病原菌面前无能为力。1943 年初春，在伯利汉城的美国陆军医院里，医生把少许淡黄色青霉素粉末溶解于生理盐水中，一滴一滴注入 19 名已经竭尽全力抢救却濒临死亡的病人的静脉中，结果 12 人奇迹般地治愈了。于是青霉素被喻为“神药”，轰动了医学界，从此也开创了抗生素医疗应用的新纪元。1943 年 10 月，弗洛里和美国军方签订了首批青霉素生产合同。青霉素在“二战”末期横空出世，迅速扭转了盟国的战局。战后，青霉素更得到了广泛的应用，拯救了数以千万人的生命。

由于青霉素在临床上的卓越疗效，从 40 年代起，抗生素就成为科学家探讨的新领域，这一领域发展迅速并取得了巨大的成就。40 年代中期以后，从放线菌、细菌和真菌中先后发现了 5 500 多种抗生素，其中半数以上为放线菌所产生。

由于这些抗菌素中的绝大部分对人体都有毒害作用，所以正在试制和生产的也不过百余种，临床上应用的不过 100 种，经常使用的仅有 50 余种。

青霉素在临床上效果显著，那么它是怎样战胜病菌的呢？通过科学家的研究发现，青霉素对微生物的细胞壁合成有抑制作用。由于细菌的细胞壁合成受到抑制，细菌的抗渗透压能力降低，引起菌体变形、破裂以至死亡。青霉素干扰细胞壁形成主要是粘肽合成的

最后一步，即转肽作用。由于青霉素与催化转肽反应的酶结合，因而抑制了转肽作用，致使粘肽最后不能形成，从而抑制了细菌细胞壁的合成。

1945 年，弗莱明、弗洛里和钱恩一起获得诺贝尔生理学或医学奖。

但青霉素也不是万能的杀菌药，它只能对一部分细菌引起的感染有效，为了弥补其不足，人们继续努力，去寻找新的抗生素。之后，美国学者瓦克斯曼从链霉菌中分离出能抗结核杆菌的链霉素，50 年代又发现了能杀多种细菌的四环素。从弗莱明发现青霉素以来，几乎找到了 2 000 种不同的抗生素，而且每年都有新的发现。但在医学实践中，仅仅使用大约 80 种抗生素。

前列腺素的发现

1930 年，瑞典生物学家贝里斯德伦发现，人、猴、羊的精液中存在一种使平滑肌兴奋和血压降低的物质，当时设想此物质可能是由前列腺所分泌，因此被命名为前列腺素。但实际上，前列腺分泌物中所含前列腺活性物质并不多，现证实，精液中的前列腺素主要来自精囊，而且前列腺素是内分泌中的一大类。

前列腺素（PG）广泛存在于许多组织中，由花生四烯酸转化形成多种形式的前列腺素。它可能是作用于局部的一组激素。前列腺素的作用极为广泛和复杂，按结构可将它分为 A、B、C、D、E、F、G、H、I 等类型。各类型的前列腺素对不同的细胞可产生完全不同的作用。

1962 年，贝里斯德伦和他的学生萨米埃尔松测出了前列腺素的分子结构。

1964 年，他们共同宣布这类生物活性物质是存在于肉类和蔬菜

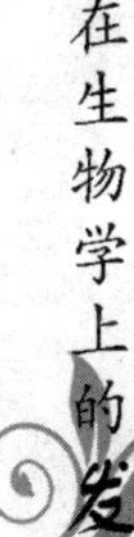

中的脂肪酸——一种不饱和油脂的组成要素。而且，他们还进一步阐明了使脂肪酸与氧化合构成前列腺素的详细过程。在对前列腺素在体内的代谢机制进行了研究之后，他们发现人体内的酶能使前列腺素失去活性，并找到了原因，从而使合成化学家能够胸有成竹地设计出每种能抗酶代谢的前列腺素衍生物，为生物试验和临床应用提供了一批外用时间长、效果好的前列腺素药品。

尤其重要的是，萨米埃尔松和英国科学家范恩在 1969 年分别发现了新的类似前列腺素的生物活性物质——凝血腺素，它除了能使机体内的各种平滑肌收缩外，还具有使血小板凝集的作用。在此基础上，他们又进一步发现了抗凝血腺素——前列环素，它能够抑制血小板的凝集。由于前列腺素、凝血腺素和抗凝血腺素的相继被发现，人们对身体如何有效地控制血液的凝结有了清楚的了解，为一些疾病的治疗提供了广阔的前景。

当前，把前列腺素当做药物使用的例子，正在世界上不断出现。如将前列腺素 E_1 用来治疗一种罕见的先天性心脏病，或将前列腺素 E_2 作为产妇引产的新药，因为它能引起子宫肌肉收缩。以上这些，都足以说明前列腺素对维持身体正常功能所起的重要作用。

这些研究成果对癌症研究也具有积极的意义。目前的实验证据显示，致癌物质的致癌作用和癌细胞的生成，都可能与前列腺素的作用有关。有人通过动物实验发现，前列腺素 E 可能抑制癌细胞的生长；前列腺素 A 或 I_2 还可能诱发一些血癌细胞的分化，一旦血癌细胞开始分化，它就不再继续生长。因此，上述两种物质也许会成为未来控制血癌的特效药。前列腺素的发现和利用，为征服癌症的研究提供了一条有效途径。

由于在前列腺素和有关生物活性物质的发现方面作出了重大贡献，1982 年贝里斯德伦、萨米埃尔松和英国科学家范恩一起分享了诺贝尔生理学或医学奖。

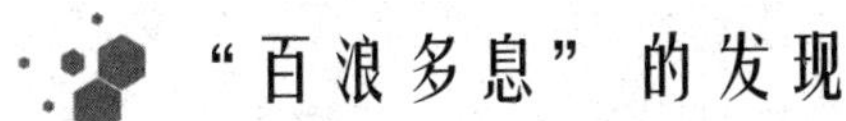

“百浪多息”的发现

20世纪30年代，不少致病的“罪魁祸首”——细菌在高倍数的显微镜下原形毕露。于是，医学家和化学家们便开始寻找抗菌的药物。德国生物化学家多马克也开始了寻找细菌“克星”的工作。多马克整日泡在实验室里进行筛选工作，终于找到了有杀菌作用的红色染料——“百浪多息”。

为了证实“百浪多息”的杀菌效果，多马克做了一个对比试验：给一群健康正常的小白鼠注射一些溶血性链球菌，然后将这些小白鼠分成两组，其中一组注射“百浪多息”，另一组什么都不注射。不一会儿，没有注射“百浪多息”的那组老鼠全部死去，而注射“百浪多息”的那组老鼠有的死里逃生，有的即使死去但生存时间延长了许多。这个惊人的发现，一时间轰动了欧洲医学界。但多马克清醒地知道：要让这种药在临床上得到应用，还有许多的路要走。

首先，要从“百浪多息”中提炼出有效的成分。究竟是哪些化学物质有杀菌作用呢？多马克从“百浪多息”中提炼出一种白色的粉末，即磺胺。接着，他在狗的身上做实验，先将溶血性链球菌注入狗的肚子。过一会儿，原本活蹦乱跳的狗卧倒在地上，大口大口地喘气，伸出火红的舌头，无神的眼睛一动不动。此时，多马克将磺胺注射入狗的体内。

不一会儿，狗又恢复了原来的状态，摇摆着尾巴，在多马克的身边蹦蹦跳跳。至此，多马克明白，磺胺具有出色的杀菌作用。

为慎重起见，多马克还在兔子身上做了实验，结果也取得了预期的效果。磺胺的杀菌作用不容置疑。可是，无论对任何药物来说，只有临床效果才是最有说服力的。

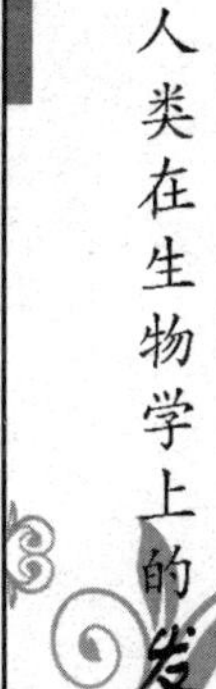

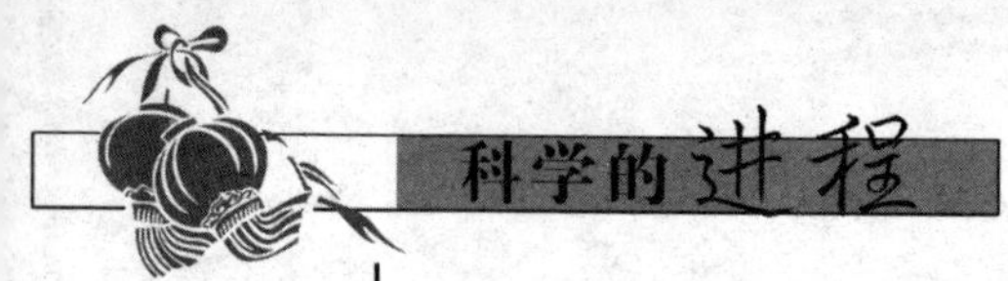

一天夜晚，多马克从实验室回到家，发现女儿爱莉莎发高烧，是因白天在玩耍时不小心割破了手指。作为与细菌打了多年交道的科学家，多马克知道，这是可恶的链球菌进入了女儿的体内，并在血液里繁殖。多马克连忙请来当地最好的医生给爱莉莎打了针，开了药。可是，病情不但没有得到控制，反而逐渐恶化。爱莉莎全身不停地发抖，人也变得沉沉欲睡。医生对爱莉莎做了检查，然后叹口气，说道："多马克先生，实不相瞒，细菌早已侵入爱女的血液里，并变成了溶血性链球菌败血症，没有什么希望了！"多马克望着女儿苍白的小脸，心在颤抖。但他意识到，此时不是悲伤的时候，哪怕女儿还有百分之一生的希望也不能放弃。他想到了刚研制出的磺胺药，虽然临床上还没有用过，但这时候别无选择了。他为爱莉莎注射了磺胺药。

时间一分一秒地过去了。多马克目不转睛地盯住爱莉莎，期待着奇迹的出现。果然，第二天清晨，当旭日冉冉升起之时，爱莉莎睁开了惺忪的睡眼，柔声地说道："爸爸，我舒服多了。"多马克给爱莉莎测量了体温，证实烧已经退了。爱莉莎是医学史上第一个用磺胺药治好的病人。事后，多马克自豪地说："治好我的女儿，是对我发明的最高奖赏。"

"百浪多息"这种磺胺药物的发现，使得现代医药进入了化学治疗的新时代，多马克因此荣获 1939 年诺贝尔生理学或医学奖，但他没能去领奖。直到"二战"结束后，诺贝尔基金委员会才知道，多马克当时是受纳粹要挟，不被允许出国接受诺贝尔奖的，他们怕他一去不返，还怕他泄露纳粹德国的机密。多马克 1947 年应邀赴斯德哥尔摩访问，在那里他受到了极不寻常的欢迎。他领到了本应在 8 年前领取的一块奖章和一张证书，但他在那一年应得的奖金，根据基金委员会的规定，超过一定期限而不领者则不得再领，于是那笔钱又被归还到诺贝尔基金的收入中去了。

据说，多马克领奖后，面对众多的记者，风趣地说："我已经

接受过上帝对我的最高奖赏——给了我女儿第二次生命；今天，我再次接受人类对我的最高奖赏。”

呼吸酶的性质和作用

1931 年，德国生物化学家瓦尔堡因发现呼吸酶的性质和作用方式，获得诺贝尔生理学或医学奖。

瓦尔堡 1883 年生于德国弗赖堡，他是柏林大学教授菲舍尔的学生，1906 年获化学博士学位，1911 年在海德堡大学获医学博士学位，1913 年起在柏林的威廉皇帝生物学研究所工作，1918 年任该研究所研究员。

20 世纪 20 年代瓦尔堡发明了研究组织薄片耗氧量的检压计——瓦尔堡氏检压计。他长期从事光合作用研究，在光合作用的量子效率和机理方面独辟蹊径。

他研究癌细胞多年，发现恶性生长细胞的耗氧量比正常细胞低。在研究细胞呼吸时，他证明呼吸酶是一种含铁的蛋白质，将其称之为铁氧酶。

在一般意义上，人们把参与细胞呼吸的酶，总称为呼吸酶；而在特殊意义上，系指瓦尔堡的呼吸酶。瓦尔堡测定了一氧化碳对呼吸的抑制以及由光照射而又恢复的作用光谱，指出与氧直接反应的酶是血红蛋白，并将其称为呼吸酶。之后，又称为氧传递酶，相当于现在的细胞色素氧化酶。

1932 年，瓦尔堡和他的同事们共同发现了黄酶，并证明其辅基是核黄素的衍生物。

1935—1936 年，瓦尔堡又与同事们一道分离出了吡啶核苷酸，并确定了其结构和作用。

1937—1938 年，瓦尔堡阐明了磷酸三碳糖的氧化与形成腺苷三

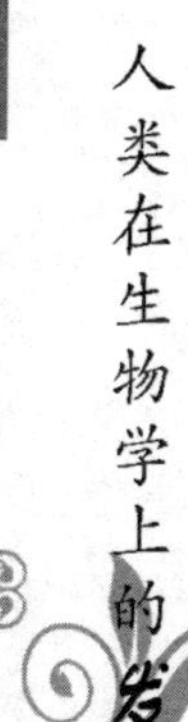

磷酸（ATP）相偶联的机理，从而在研究能量代谢方面揭开了新的一页。

瓦尔堡一生共发表了数百篇论文和五部专著并培养了大批年轻科学家。

胚胎发育中背唇的诱导作用

1912年，德国实验胚胎学家施佩曼发现了胚胎发育中背唇的诱导作用，并因这一突出发现最终荣获1935年的诺贝尔生理学或医学奖。

施佩曼1869年生于斯图加特，他中学毕业后曾一度从事出版业工作，后在海德堡慕尼黑大学攻读医学。读完医科的前期课程之后到维尔茨堡大学攻读动物学、植物学和物理学。在就学期间接受博韦里建议，研究猪蛔虫的胚胎发育，并就此打下坚实的形态学基础。毕业后，1894—1908年在维尔茨堡大学动物研究所工作。1908—1914年任罗斯托克大学动物学教授，1914—1919年任威廉皇家生物研究所第二所长，1919—1936年任弗赖堡大学动物学教授。

1912年，施佩曼用蝾螈做实验，最早发现两栖类发育中的眼泡能诱导覆盖着它的表皮形成晶体，更为重要的是他还发现胚孔的背唇，不仅自身发育为脊索肌肉等中胚层结构，并且能诱导覆盖在它上面的外胚层形成神经板。施佩曼称背唇为组织者，胚胎的中轴器官是由它和在它作用下产生的神经管组成的。这一发现为实验胚胎学开创了一个新的时代，推动了对发育机制的分析。之后的研究发现，两栖类以外的其他脊椎动物，以至脊索动物都有这一现象；无脊椎动物也有类似现象，如海胆幼虫的臂是在邻近初级间质细胞的影响下形成的。

两栖类原肠形成过程开始时，背唇在植物性半球的背部出现，预定脊索中胚层从这里卷入内部。卷入的细胞与覆盖在外面的背部外胚层细胞接触，后者形成神经板，其他位于侧腹方的外胚层细胞形成表皮。

为什么同样的外胚层细胞一部分形成神经板，另一部分却形成表皮？1924 年施佩曼和曼戈尔德把蝾螈原肠胚早期的背唇移植到另一个同期胚胎的腹面。移植的部分不仅像在原来位置一样继续内卷，而且使宿主胚胎的腹方产生出一个次级胚胎。组织学的检查证明，移植的背唇本身继续分化，并且影响附近的宿主的原来不应分化为脊索和肌节的细胞分化为脊索和肌节，它还影响宿主腹方的、原来应形成表皮的细胞分化为神经管。

这一实验是用两种色泽不同的卵子进行的，因此可以清楚地辨别哪些是宿主的细胞，哪些是移植的细胞。背唇物质影响宿主腹方的组织，改变其发育方向的作用是诱导作用，这说明，在正常发育中，卷进内部的脊索中胚层诱导其上面的一部分外胚层使之分化为神经组织，而没有受到诱导作用的部分则分化为表皮。

背唇细胞是以释放诱导物质来影响周围细胞的。将外胚层小块培养在曾经培养过脊索中胚层的培养液悬滴中，外胚层将分化为神经细胞和色素细胞。但是，外胚层在未曾培养过中胚层的悬滴中，只能形成排列紊乱的表皮细胞。可见，中胚层细胞在悬滴中释放了某种物质，诱导外胚层分化为神经细胞。

用各种薄膜将诱导细胞和反应细胞隔开的实验，也为说明这个问题提供了依据。在胚孔背唇和预定外胚层之间放置不同孔径的滤片，在孔径为 0.1μm 时细胞之间不能通过微孔直接接触，神经板照样能够形成。说明在神经板的诱导中，不需要细胞间的接触。但在晚期发育的诱导作用中并不一定如此。例如在小鼠后肾小管的诱导中，如果用滤片把将形成后肾的间质细胞和后肾小管的诱导者分隔开，如果孔径小到细胞突起不能通过孔洞，分化就不能发生，说

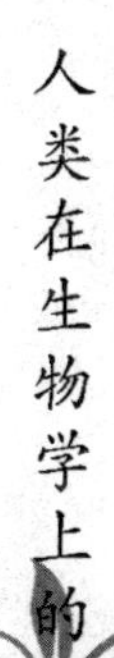

明细胞接触是必不可少的。所以，诱导物质的传递是一个复杂的问题，在不同的诱导系统中，诱导的方式可能完全不同。

研究诱导作用更重要的一个方面，是对反应细胞的研究。因为，归根到底，发生变化的是起反应的细胞。虽然反应细胞受到不同的诱导刺激，反应不同。同样的，外胚层受到神经诱导物质作用会产生神经组织，而中胚层诱导物质可以使它们产生脊索、肌肉等结构。但是处于不同时期的外胚层细胞，从原肠早期的到原肠晚期的，对同一刺激的反应是不同的，越晚反应能力越弱。其次，尽管反应细胞产生哪种结构决定于诱导物质，但所产生结构的种属特点却决定于反应细胞本身的遗传性。如果在蝾螈胚胎平衡器的区域移植一块美西螈胚胎的外胚层，由于美西螈幼虫没有平衡器，所以移植的外胚层不会产生平衡器。在这方面，有尾类和无尾类胚胎之间的移植，得到的结果更加明显。把蝾螈的外胚层移植到铃蛙的口区，会产生蝾螈胚胎所持有的平衡器。同样，铃蛙的外胚层移植到蝾螈口区，也将按照铃蛙的遗传特性，发育出角质齿和吸盘。

可见，对诱导物质起反应并决定以后的发育方向的是反应细胞本身。最后，也是最重要的一个方面是反应细胞一旦受刺激，就开始向某一方向分化，即使此后诱导刺激不复存在，分化照样进行。外胚层在离体情况下用中胚层诱导物质处理一定时间，然后换到正常培养液中继续培养，可以产生脊索、肌肉等结构。这就说明所发生的分化是持续的、不可逆的，同时说明诱导刺激在反应细胞中一旦引起了某些基因的表达，就会按固有的程序进行下去。

总之，在个体发育中，不论是早期还是晚期，诱导作用是一个普遍现象。各种器官的形成都离不开一部分细胞对另一部分细胞的影响。根据目前已知的事例判断，在各种器官的诱导中，有不同的物质在起作用，但人们对这些物质的性质还缺乏了解。考虑到高等动物的个体中有各种各样的器官和组织，对于不同的诱导物质逐一地进行了解，当然也是必要的。但是，在诱导作用中也存在着共性

的东西，这就是细胞的反应。不论哪种物质引起组织或器官的分化，最根本的是细胞起反应，这是共同的。因此，研究细胞的反应，研究细胞在受到诱导后如何调节基因的活动、产生应有的生物大分子、表现出应有的形态特征，对于研究各种器官的诱导都是十分重要的。在这方面如果在某一点上有所突破，可能对于了解全部胚胎发育的机制都会产生影响。

维生素 K 的发现

1935 年，丹麦生物化学家达姆宣布发现维生素 K。

达姆 1895 年生于哥本哈根，1934 年取得哥本哈根大学博士学位。他于 1925 年就在奥地利师从普莱格尔学习过，又于 30 年代初于德国在舍恩海默的指导下学习过。达姆从 1923 年起在哥本哈根大学任教。取得博士学位后，达姆于 1935 年在瑞士和卡勒一起工作。

从 1928 年开始，达姆做了一系列的胆固醇代谢实验。许多哺乳类动物很容易合成胆固醇，他认为小鸡缺乏这种能力。对于人工饲养缺乏胆固醇的小鸡，在饲料中加入丰富的维生素 A 和 D，数星期后开始出血和出血失控现象。1932 年加州的科学家认为出现这种现象是由于缺乏维生素 C，但加用纯维生素 C 后无效。1934 年达姆认为是饲料中缺乏一种未知的要素，并发现这种要素可溶于脂肪。1935 年达姆宣布发现一种新的维生素，并称它为“凝血维生素”，即维生素 K，它的最佳来源为绿叶、番茄和猪肝。1938 年达姆发现阻塞性黄疸病人有出血倾向也是维生素 K 缺乏所致。1939 年达姆又从紫花苜蓿中提纯了脂溶性维生素 K。1940 年美国生化学家爱德华·多伊西首先合成了维生素 K，并且确定了它的化学式。为此达姆与多伊西共同获得了 1943 年诺贝尔生理学或医学奖。

维生素 K 对于血液凝结的重要性使它在外科手术中非常奏效，

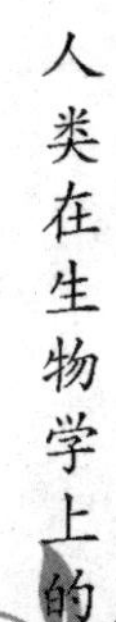

在外科手术中，施用维生素K可以减少出血量。而新生婴儿缺少维生素K也会有出血的危险，不过，这类婴儿的肠道会很快被细菌侵入，在细菌本身的新陈代谢过程中会产生维生素K，于是维生素K被婴儿吸收和利用。在细菌侵入婴儿肠道后，在对缺乏维生素K的状况进行纠正之前，婴儿处于危险时期，而在现代化的无菌医院里，就会使这种危险期延长，因此，通常一种明智的考虑是，在婴儿出生前不久对母亲作维生素K的注射，因而也间接地使婴儿接受维生素K的注射。

神经元的发现

1872年，在意大利的一家厨房里出现了神经科学的一次重大进展。帕维亚大学年轻的医学研究生卡米洛·高尔基由于对大脑的强烈兴趣而建立了一个简易实验室。困扰高尔基的问题是关于物质脑的本质：脑是由什么组成的？那时，尽管可将大脑切成碎片，但在显微镜下只能观察到一堆均质的苍白色浆状物。除非能够鉴定出脑的基本构件，否则不可能发现它是如何工作的。然而，有一天高尔基偶然地将一个脑块放入盛有硝酸银溶液的碟子中，并在其中浸泡了几个星期。

结果，高尔基发现了一个极其重要的反应。当他取出脑块时，变化已经发生了，在显微镜下出现了一种复杂的图案：在网状的缠结中悬浮着黑色的斑点。我们现在知道，一旦将脑组织放入硝酸银中三个小时或更长时间，就有可能显现出脑组织最基本的组分——特殊类型的细胞，这种细胞被称为神经元。

高尔基的发现中更令人不可思议的是，通过一种目前仍然完全无人知晓的变化莫测的过程，染色只随机地标记出1/100到10/100的细胞，因此表现为苍白的黄褐色背景上的黑点。如果每一个神经

元都被染色，那么精细、复杂的细胞轮廓，将被其他细胞相互重叠的部分所掩盖，脑组织在显微镜下的整个视野里将变成几乎均匀的黑色。由于仅有 1/100 到 10/100 的细胞与高尔基染料起反应，这些细胞即因反差明显而凸显出来。

神经元到底像什么呢？在所有的神经元中，都有一个直径约 50μm 粗短的团状部分，被称为胞体。实际上，胞体的形状并不像团状一样模棱两可和无定形，而总是属于以下几种特征性形状之一，如圆形、卵圆形、三角形或梭形（形如老式的纺锤）。胞体中包含了神经元生存所必需的所有细胞器。从这点上讲，神经元的胞体与其他任何细胞并无差别。然而，如果将神经元与其他细胞相比，一旦注意到胞体以外的部分，你就会发现一个巨大的差异：与其他细胞不同，神经元除了胞体外还有其他部分。

纤细的分支从神经元胞体中伸出，几乎就像某种微小的树。事实上，这些部分被称为树突。一个神经元的树突在形态上千姿百态，在密度上千差万别，它们或者从神经元的四周长出使其呈星形，或从胞体的一端或两端伸出。根据树突分支的程度，神经元在总体外观上差异悬殊：在脑中，神经元至少有 50 种基本形状。

神经元不仅有这些小的分支，而且绝大部分还有一个从胞体上伸展出来的长而细的纤维，被称为轴突，它要比神经元其余部分长许多倍。一个细胞的直径通常为 20~100μm，但在一种极端的情况中可长达 1m，如沿着人脊髓下行的神经纤维。

只要看一眼神经元，你就很容易区分出这两个特征来。由于轴突远细于相对粗短的、分叉的树突，甚至在显微镜下也极难看到它们。树突就像真的树上的分枝，其末梢逐渐变细，轴突则不然。这就使得神经元在总体外观上表现为一个团状的中心区、一根蜿蜒而行的细长的纤维，以及伸出的相对粗短的微枝。如此怪异的东西怎么可以成为我们的个性、希望和恐惧的构件呢？

既然胞体中含有与所有其他细胞相似的整套内部装置，很容易

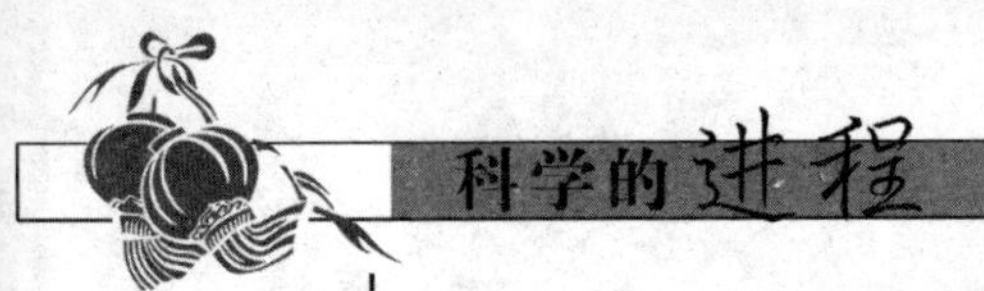

推想，至少它的某些功能是为了确保细胞存活，并制造出适当的化学物质。然而，鉴于轴突和树突的存在与神经元的特殊功能紧密相关，因此它们的作用并不那么一目了然。此外，轴突和树突间如此清晰的形状上的差异，提示它们扮演着迥然不同的角色。

脑电图在反映脑状态的变化上十分有效，又相当敏感。树突充当了这些信号的接收区，就像某个巨大的码头一样，接纳各种船只载入的货物。正如货物可以从码头上卸下，并沿着汇聚于某个中心工厂的路线运送，这些分散的信号沿着汇集于胞体的树突传导，如果信号足够强，树突将会产生一个新的电信号，或者沿用刚才的类比，将会生产出一个新的产品。这时轴突开始起作用：它们将这个新的电信号从胞体传送到回路中的下一个目标神经元，就好比工厂的产品被运送到某个远处的目的地。

柠檬酸循环和辅酶 A 的发现

1937 年，德裔英籍生物化学家克雷布斯发现了柠檬酸循环，这一发现被公认为代谢研究的里程碑；1947 年，德裔美籍生物化学家李普曼发现并分离出辅酶 A。

克雷布斯 1900 年生于德国希尔德斯海姆，1925 年在汉堡大学获医学博士学位。1932 年，克雷布斯发现了脲循环，阐明了人体内尿素生成的途径。

“二战”爆发前，克雷布斯受到纳粹的迫害，不得不逃往英国。在德国，他是位非常优秀的医生，但是在英国，由于没有行医许可证，他只得从事基础医学的研究。

刚开始选择课题时，由于对食物在体内究竟是如何变成水和二氧化碳的现象充满了兴趣，他毫不犹豫地选择了这个课题，并且着手调查前人研究这一课题的各种材料。有的学者报告说：“A 物质

经过氧化变成了 B 物质。”有的学者说：“C 物质经过氧化变成了 D 物质，然后又进一步变成 E 物质。”还有的学者认为：“C 物质是从 B 物质中得到的。或者可以说，是 F 物质变成了 G 物质。”另外一些学者则认为，是“G 物质经过氧化变成 A 物质”，等等。

看着来自四面八方的研究报告，克雷布斯想，如果把这些零散的数据整理出来，说不定可以发现食物代谢的过程。就像玩解谜游戏那样，克雷布斯将这些数据仔细整理了一番，结果发现食物在体内是按 F、G、A、B、C、D、E 这样一个顺序变化的。再仔细了解从 A 到 F 这些化学物质，发现 E 和 F 之间断了链。如果 E 和 F 之间存在一种 X 物质，那么，这条食物循环反应链就完整了。

1937 年，克雷布斯终于查明，X 物质就是如今放在饮料中作为酸味添加剂的柠檬酸。他完成了食物的循环链，并且将它命名为柠檬酸循环。克雷布斯的循环理论解释了食物在体内进行柠檬酸循环后，按照 A、B、C、D、E、X、F、G 的顺序循环反应，最终生成二氧化碳和水。他的伟大不仅仅是发现了几个化学物质的变化，而是在于将每一个活的变化整理出来，找出了可以解释生命动态现象的结构。进入体内的营养成分在糖代谢→柠檬酸循环→电传递系统等一系列呼吸作用下得到分解，产生能量。

克雷布斯

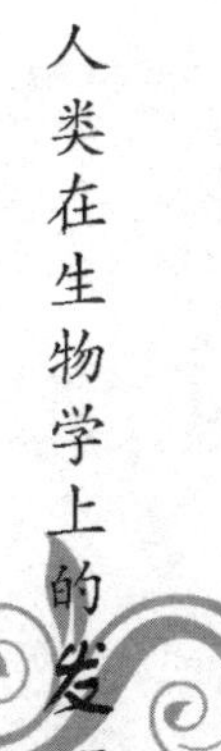

这一被称作柠檬酸循环（又称三羧酸循环或克雷布斯循环）的发现，被公认为代谢研究的里程碑。

克雷布斯的发现，在生物学上具有重大意义。柠檬酸循环是三大营养素的最终代谢通路：

糖、脂肪和蛋白质在分解代谢过程都先生成乙酰辅酶 A，乙酚辅酶A与草酰乙酸结合进入三羧酸循环而彻底被氧化。所以三羧酸循环是糖、脂肪和蛋白质分解的共同通路；是糖、脂肪和氨基酸代谢的联系通路：三羧酸循环的另一个重要功能是为其他合成代谢提供了小分子前体。α-酮戊二酸和草酰乙酸分别是合成谷氨酸和天冬氨酸的前体；草酰乙酸先转变成丙酮酸再合成丙氨酸；许多氨基酸通过草酰乙酸可异生成糖。所以三羧酸循环是糖、脂肪酸（不能异生成糖）和某些氨基酸相互转变的代谢枢纽。

与克雷布斯的发现密切相关的另一位德裔美籍生物化学家李普曼，生于1899年，曾在海德堡大学小迈尔回夫实验室、哥本哈根卡尔斯贝格基金会生物研究所及纽约市康奈尔医学院进行研究工作。1941—1947年任波士顿马萨诸塞综合医院生物化学研究室主任，1947—1957年任哈佛医学院生物化学教授。他在鸽肝浸出物中发现一种催化性能活跃而又耐热因子，1947年分离成功，1953年确定其分子结构，并定名为辅酶A。

辅酶A为体内乙酰化反应的辅酶，对糖、脂肪及蛋白质的代谢起重要作用，对脂肪代谢的促进作用尤为重要。它能激活体内的物质代谢，加强物质在体内的氧化并供给能量，主要用于白细胞减少症及原发性血小板减少性紫癜，对脂肪肝、急慢性肝炎、冠脉硬化、慢性动脉炎、心肌梗死、慢性肾功能减退引起的肾病综合征及尿毒症、新生儿缺氧、糖尿病和酸中毒等可作为辅助治疗使用。

1953年，克雷布斯与李普曼共同分享了当年的诺贝尔生理学或医学奖。

高效有机杀虫剂DDT

DDT是由蔡德勒于1874年首次合成的，但是这种化合物具有杀虫剂效果的特性却是1938年才被米勒发现的。

DDT 又叫滴滴涕、二二三，化学名为双对氯苯基三氯乙烷，中文名称从英文缩写 DDT 而来，为白色晶体，不溶于水，可溶于煤油，可制成乳剂，是有效的杀虫剂。

DDT 几乎对所有的昆虫都非常有效。第二次世界大战期间，DDT 的使用范围迅速得到了扩大，而且在疟疾、痢疾等疾病的治疗方面大显身手，救治了很多生命，而且还带来了农作物的增产。

但在 20 世纪 60 年代科学家们发现 DDT 在环境中非常难降解，并可在动物脂肪内蓄积，甚至在南极企鹅的血液中也检测出 DDT，鸟类体内含 DDT 会导致产软壳蛋而不能孵化，尤其是处于食物链顶级的食肉鸟，如美国国鸟白头海雕几乎因此而灭绝。1962 年，美国科学家卡逊在其著作《寂静的春天》中怀疑，DDT 进入食物链，是导致一些食肉和食鱼的鸟接近灭绝的主要原因。因此从 20 世纪 70 年代后 DDT 逐渐被世界各国明令禁止生产和使用。

由于在全世界禁用 DDT 等有机氯杀虫剂，以及放松了对疟疾的警惕，所以，疟疾很快就在第三世界国家中卷土重来。今天，在发展中国家，特别是在非洲国家，每年大约有一亿多的疟疾新发病例，大约有 100 多万人死于疟疾，而且其中大多数是儿童。疟疾目前还是发展中国家人们最主要的病因与死因，这除了与疟原虫对氯奎宁等治疗药物产生抗药性外，也与目前还没有找到一种经济有效对环境危害小又能代替 DDT 的杀虫剂有关。基于此，世界卫生组织于 2002 年宣布，重新启用 DDT 用于控制蚊子的繁殖以及预防疟疾、登革热、黄热病等在世界范围内卷土重来。

链霉素的发现

1943 年，原籍乌克兰的美国生物化学家、土壤微生物学家瓦克斯曼分离出一种能有效地抵抗革兰氏阴性细菌的抗菌素并称之

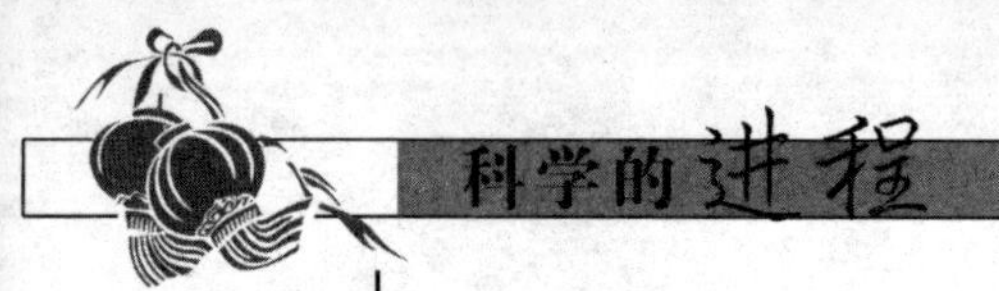

为链霉素。

瓦克斯曼1888年生于俄国乌克兰，1910年离俄赴美，进入拉特格斯大学学习，于1915年毕业，1916年成为美国公民。后来，他去加利福尼亚大学深造，1918年在该校获博士学位，此后回到拉特格斯大学任教。

瓦克斯曼对生活在土壤中的微生物特别感兴趣，1937年当杜博斯在土壤微生物中发现了一种杀菌剂时，土壤微生物就立即成为一种新的研究方向。这就促使人们对弗莱明的青霉素作出新的评价，特别是从“二战”爆发以来，非常需要为受伤战士提供处理各种感染的新方法。

瓦克斯曼为从微生物中获得的化学杀菌制品创造了一个新术语——抗生素，同时他开始寻找这类化学制品。杜博斯的杀菌剂和青霉素两者仅对革兰氏阳性细菌有效，而对革兰氏阴性细菌不起作用。因此，瓦克斯曼对于能制伏革兰氏阴性细菌的物质特别感兴趣。他偶然得到一种链霉菌族的霉菌，这种霉菌是从他当研究生时就开始研究的。1943年，他终于从其中分离出一种有效地抵抗革兰氏阴性细菌的抗菌素并称之为链霉素。

1945年5月12日，瓦克斯曼在人类身上第一次成功地应用了链霉素。由于这一发现，瓦克斯曼荣获1952年诺贝尔生理学或医学奖，他把奖金转作了拉特格斯大学的研究基金。链霉素的霉性稍大，不过由于它的发现，人们为了获得其他的抗菌素开始对土壤微生物进行积极和系统的研究，不久就发现了四环素。

1942年，他作为第一位土壤微生物学家当选为美国科学院院士。不久又当选法国科学院院士。1954年，由他创建的拉特格斯大学微生物研究所（现名瓦克斯曼微生物研究所）是国际微生物学学术活动的中心之一。

移动的遗传因子

19世纪40年代，美国女遗传学家麦克林托克发现了可移动的遗传物质并提出了可移动的遗传基因（即“跳跃基因”）学说。

麦克林托克生于孟德尔的遗传学研究被发现的两年后，即1902年，并于1919年进入了康奈尔大学农学院就读。20世纪20年代遗传学在美国是一个堪称世界级的科学，也是当时生物学中最抽象的领域，DNA尚未被发现，基因仍是个模糊可疑的概念。

在1910年至1916年间，摩尔根的果蝇小组确定了基因与染色体的关系，染色体带有遗传成分。而康奈尔的遗传学研究重心是美国传统农业植物——玉米，玉米粒和果蝇都被称为表现遗传性征最好的研究对象。

麦克林托克利用新的染色技术，在显微镜下发现了玉米的染色体，在当时她是首先以此实验方法证明玉米的研究可以不只是育种及观察子代两方面。1929—1931年间，她发表了一系列论文，证明了玉米染色体形态与遗传特性之间的关系，由此打开了遗传发展史上的一扇窗。

麦克林托克

1951年在世界生命科学圣地与分子生物学摇篮的美国冷泉港的生物学专题讨论会上，麦克林托克根据她发现的可移动的遗传物质而提出了可移动的遗传基因（即“跳跃基因”）学说——基因可从染色体的一个位置跳跃到另一个位置，甚至从一条染色体跳跃到另一条染色体上，为研究遗传

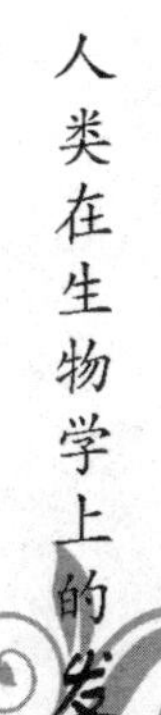

信息的表达与调控、生物的进化与癌变提供了线索。

麦克林托克的论文虽被收入会议论文集，但科学界却一直对其持否定和漠视态度，有的学者甚至认为她是“怪人”、“疯子”。及至60年代中期，研究者在细菌中发现了转化和转导现象，人们开始接受转导和转化作用的概念，却不愿接受转位作用的概念。麦克林托克为此大声疾呼，但她的声音毕竟太微弱了。然而，真理还是显示了自己的力量。随着60年代后期转座因子的发现和70年代更多的可移动的遗传因子的发现，麦氏理论得到了愈来愈多的验证和支持。到了80年代，生命科学界已经以信服的口吻不断提到她的名字和她的理论了。

1983年10月9日，瑞典斯德哥尔摩卡洛琳医学院宣布，美国遗传学家麦克林托克由于发现了可移动的遗传因子而被授予诺贝尔生理学或医学奖。

卡洛琳医学院将麦克林托克的成就同100年前的孟德尔的成就相提并论。诺贝尔奖获得者、DNA双螺旋结构的发现者之一沃森也说：“她是个伟人，她孤军作战，标新立异。她的工作是极为重要的。”就这样，生性好静甚至有些孤僻、耐得住寂寞又淡泊名利的麦克林托克终于在耄耋之年看到了自己的理论所取得的胜利。